中国古代鞋帽

王　俊　编著

中国商业出版社

图书在版编目（CIP）数据

中国古代鞋帽 / 王俊编著 . -- 北京：中国商业出
版社，2017.7

ISBN 978-7-5044-9898-4

Ⅰ . ①中… Ⅱ . ①王… Ⅲ . ①鞋 – 文化史 – 中国 – 古
代②帽 – 文化史 – 中国 – 古代 Ⅳ . ① TS943-092
② TS941.721-092

中国版本图书馆 CIP 数据核字 (2017) 第 127363 号

责任编辑：常　松

中国商业出版社出版发行

010–63180647　www.c–cbook.com

（100053 北京广安门内报国寺 1 号）

新华书店经销

三河市同力彩印有限公司

*

710×1000 毫米　16 开　15 印张　225 千字

2017 年 9 月第 1 版　2017 年 9 月第 1 次印刷

定价：45.00 元

＊＊＊＊

（如有印装质量问题可更换）

《中国传统民俗文化》编委

序　言

　　中国是举世闻名的文明古国，在漫长的历史发展过程中，勤劳智慧的中国人，创造了丰富多彩、绚丽多姿的文化，可以说人创造了文化，文化创造了人，这些经过锤炼和沉淀的古代传统文化，凝聚着华夏各族人民的性格、精神、智慧，是中华民族相互认同的标志和纽带。在人类文化的百花园中摇曳生姿，展现着自己独特的风采，对人类文化的多样性发展作出了巨大贡献。中国传统民俗文化内容广博，风格独特，深深地吸引着世界人民的眼光。

　　正因如此，我们必须深入学习贯彻十八届三中全会精神，按照中央的规定，加强文化建设。2006 年 5 月，时任浙江省委书记的习近平同志就已提出："文化通过传承为社会进步发挥基础作用，文化会促进或制约经济乃至整个社会的发展。"又说："文化的力量最终可以转化为物质的力量，文化的软实力最终可以转化为经济的硬实力。"（《浙江文化研究工程成果文库总序》）今年他去山东考察时，又再次强调：中华民族伟大复兴，需要以中华文化发展繁荣为条件。

　　学习习近平同志的重要讲话，确可体会到，在政治、经济、军事、社会和自然要素之中，文化是协调各个要素协同发展、相关耦合的关健。正因为此，我们应该对华夏民族文化进行广阔、全面的检视。我们应该唤醒我们民族的集体记忆，复兴我们民族的伟大精神，发展和繁荣中华民族的优秀文化，为我们民族在强国之路上阔步前行创设先决条件。

实现民族文化的复兴，更必须传承中华文化的优秀传统。现代中国人，特别是年轻人，对传统文化十分感兴趣，蕴含感情。但当下也有人对具体典籍、历史事实不甚了解，比如说，中国是书法大国，谈起书法，有些人或许只知道些书法大家如王羲之、柳公权等等的名字，知道《兰亭集序》是千古书法珍品，仅此而已。再比如说，我们都知道中国是闻名于世的瓷器大国，中国的瓷器令西方人叹为观止，中国也因此而获得了"瓷器之国"（英语 china 的另一义即为瓷器）的美誉。然而关于瓷器的由来、形制的演变、纹饰的演化、烧制等等瓷器文化的内涵，就知之甚少了。中国还是武术大国，然而国人的武术知识，或许更多地来源于一部部精彩的武侠影视作品，对于真正的武术文化，我们也难以窥其堂奥了。我们还是崇尚玉文化的国度，我们的祖先，发现了这种"温润而有光泽的美石"，并赋予了这种冰冷的自然物以鲜活的生命力和文化性格，例如"君子当温润如玉"，女子应"冰清玉洁"、"守身如玉"；"玉有五德"，即"仁"、"义"、"智"、"勇"、"洁"，等等。今天，熟悉这些玉文化的内涵的国人，也为数不多了。

也许正有鉴于此，有忧于此，近年来，已有不少有志之士，开始了复兴中国传统文化的努力，读经热开始风靡海峡两岸，不少孩童乃至成人，开始重拾经典，在故纸旧书中品味古人的智慧，发现古文化历久弥新的魅力。电视讲坛里一波又一波对古文化的讲述，也吸引着数以万计的人们，重新审视古文化的价值。现在放在读者眼前的这套"中国传统民俗文化丛书"，也是这一努力的又一体现。我们现在确应注重研究成果的学术价值和应用价值，充分发挥其认识世界、传承文化、创新理论、咨政育人的重要作用。

中国的传统文化内容博大，体系庞杂，该如何下手，如何呈现？这套丛书处理得可谓系统性强，别具心思。编者分别按物质文化、制度文化、精神文化等方面来分门别类地进行组织编写，例如在物质文化的层面，就有中国古代纺织、中国古代酒具、中国古代农具、中国古代青铜器、中国古代钱币、中国古代石刻、中国古代木雕、中国古代建筑、中国古代砖瓦、中国古代玉器、中国古代陶器、中国古代漆器、中国古代桥梁等等。

在精神文化的层面，就有中国古代书法、中国古代绘画、中国古代音乐、中国古代艺术、中国古代篆刻、中国古代家训、中国古代戏曲、中国古代版画等等；在制度文化的层面，就有中国古代科举、中国古代官制、中国古代教育、中国古代军队、中国古代法律等等。

此外，在历史的发展长河中，中国各行各业还涌现出一大批杰出的人物，至今闪耀着夺目的光辉，启迪后人，示范来者，对此，这套丛书也给予了应有的重视，中国古代名将、中国古代名相、中国古代名帝、中国古代文人、中国古代高僧等等，就是这方面的体现。

生活在21世纪的我们，或许对古人的生活颇感好奇，他们的吃穿住用如何？他们如何过节？如何安排婚丧嫁娶？如何交通？孩子如何玩耍？等等。这些饶有兴趣的内容，这套中国传统民俗文化丛书，都有所涉猎，例如中国古代婚姻、中国古代丧葬、中国古代节日、中国古代风俗、中国古代礼仪、中国古代饮食、中国古代交通、中国古代家具、中国古代玩具、中国古代鞋帽等等，这些书籍介绍的，都是人们深感兴趣，平时却无从知晓的内容。

在经济生活的层面，这套丛书安排了中国古代农业、中国古代纺织、中国古代经济、中国古代贸易、中国古代水利、中国古代车马、中国古代赋税等等内容，足以勾勒出古人经济生活的主要内容，让今人得以窥见自己祖先曾经的经济生活情状。

在物质遗存方面，这套丛书则选择了中国古镇、中国古楼、中国古寺、中国古陵墓、中国古塔、中国古战场、中国古村落、中国古街、中国古代宫殿、中国古代城墙、中国古关等内容。相信读罢这些书，喜欢中国古代物质遗存的读者，已经能大致掌握这一领域的大多数知识了。

除了上述内容外，其实还有很多难以归类却饶有兴趣的内容，例如中国古代的乞丐这样的社会史内容，也许有助于我们深入了解这些古代社会底层民众的真实生活情状，走出武侠小说家们加诸他们身上的虚幻不实的丐帮色彩，还原他们的本来面目，加深我们对历史真实的了解。继承和发扬中华民族几千年创造的优秀文化和民族精神是我们责无旁贷的历史责任。

不难看出，单就内容所涵盖的范围广度来说，有物质遗产，有非物质遗产，还有国粹。这套丛书无疑当得起"中国传统文化的百科全书"的美誉了。这套书还邀约了大批相关的专家、教授参与并指导了稿件的编写工作。

应当指出的是，这套书在写作中，既钩稽、爬梳大量古代文化文献典籍，又参照近人与今人的研究成果，将宏观把握与微观考察相结合。在论述、阐释中，既注意重点突出，又着重于论证层次清晰，从多角度、多层面对文化现象与发展加以考察。这套丛书的出版，有助于我们走进古人的世界，了解他们的美好生活，去回望我们来时的路。学史使人明智。历史的回眸，有助于我们汲取古人的智慧，借历史的明灯，照亮未来的路，为我们中华民族的伟大崛起添砖加瓦。

是为序。

傅璇琮

2014 年 2 月 8 日

前 言

　　鞋帽是在日常生活中经常使用的日用品，与人们亲密无间。鞋子，在古代叫履，随着世代更迭，不断地繁衍变异，便演变成现在的鞋子。帽子，古人常称之为"冠"，在我国出现很早，最初只是用来作装饰之用，并不是为了御寒保暖。

　　从文化史的角度来说，鞋履是人类服饰文化的重要组成部分，在古代被泛称为"足衣"。鞋履不仅是人类最需要的寸步不离的日用物，也是人类最亲密的朋友，它帮助人们克服困难，战胜自然；同时对推动服饰改革、发展，也发挥了重要作用，立下了汗马功劳。从新疆楼兰出土的羊皮女靴、长沙楚墓出土的皮履、汉代的青丝岐头履、东晋的彩丝织成履、唐代的变体宝相花云头锦鞋、辽代陈国公主的鸾凤祥云鎏金银靴、还有新疆尼雅遗址出土东汉末年的钩花鞋和花卉纹晕繝缂花靴、良渚文化出土的原始木屐等，都是我国鞋履文化史上最著名的成就，在世界上也是首屈一指的。"凭谁踏破天险，助尔攀登高峰。走向务求克己，事成不成为功。"这是我国思想家、文学家郭沫若对鞋履为人类立下千古功绩的咏叹。

帽子在我国很早就发明了，古语"以铜为镜可以正衣冠"中的"冠"，指的就是帽子。古代男子20岁称为弱冠。这时要行冠礼，即要德高望重的长辈给其戴上表示已成人的帽子，表示成年的开始。成语"冠冕堂皇"中的"冕"也指帽子。"冕"比"冠"出现的更早，是古代帝王专用，皇子继承皇位称为"加冕"。平民百姓则戴头巾。后来，帽子才逐渐成为人们所喜爱的必需品。

鞋帽文化是中国人民的智慧结晶，是宝贵的民族传统文化，值得我们后人去学习，继承，并发扬光大。当前，在激烈的国内外市场的竞争中，鞋帽在服饰上的地位越来越重要。它对美化人类生活，提高服饰的完整性，起着重要的作用。我国又是一个多民族的国家，各民族的鞋帽，各具特色，并且包含丰富的文化内涵，很需要传承和发扬，为今所用。中国鞋帽文化也将继续书写着新的历史，而我们会将足尖上和头顶上的文化永远传承下去。

目 录

鞋履篇

第一章　探索鞋履起源之谜

第一节　古代鞋履的源起 …………………………… 002

皮鞋始祖"裹脚皮" ………………… 002

远古走来的草鞋 ………………… 006

足下生辉的布鞋 ………………… 010

靴的起源 ………………… 013

古老的足衣——木屐 ………………… 015

"暗藏玄机"的夹带鞋 ………………… 016

家居用品"皮拖" ………………… 019

第二节　考古中的鞋履启示 …………………………… 030

裸女残像的发现 ………………… 030

彩陶人形壶的发现 ………………… 031

考古出土的种种皮靴 ………………… 031

世界第一靴——新疆楼兰女靴 ┄┄┄┄┄┄ 033

第三节 鞋履的历史走向 ┄┄┄┄┄┄┄ 036
魏晋南北朝时期鞋履的发展 ┄┄┄┄┄┄ 036
隋唐五代时期鞋履的发展 ┄┄┄┄┄┄ 038
宋元时期鞋履的发展 ┄┄┄┄┄┄ 040
明清时期鞋履的发展 ┄┄┄┄┄┄ 044

第二章 鞋履中的民间礼俗

第一节 鞋履的教化作用与制度民俗 ┄┄┄┄┄ 052
鞋履的精神教化作用 ┄┄┄┄┄┄ 052
鞋履中的制度民俗 ┄┄┄┄┄┄ 054

第二节 鞋履中的礼仪民俗 ┄┄┄┄┄┄┄ 056
诞生礼与鞋 ┄┄┄┄┄┄ 056
婚姻礼与鞋 ┄┄┄┄┄┄ 059
寿诞礼与鞋 ┄┄┄┄┄┄ 067
丧葬礼与鞋 ┄┄┄┄┄┄ 068

第三节 鞋履中的节日民俗 ┄┄┄┄┄┄ 072
冬至荐鞋袜 ┄┄┄┄┄┄ 072
清明踏青履 ┄┄┄┄┄┄ 074
端午穿虎鞋 ┄┄┄┄┄┄ 074

第四节 鞋履中的信仰民俗 ┄┄┄┄┄┄ 075
求子的象征 ┄┄┄┄┄┄ 075

靴鞋禁忌 ………………………………… 076

民间的吉祥物 …………………………… 077

鞋靴行业神信仰 ………………………… 078

第五节　其他民间礼俗…………………… **084**

脱鞋入室 ………………………………… 084

留靴、挂靴 ……………………………… 085

留娘鞋与闰月鞋 ………………………… 088

送郎鞋和送郎袜 ………………………… 088

靴鞋树 …………………………………… 089

第三章　鞋履与民间工艺

第一节　鞋履制作工艺…………………… **092**

鞋　帮 …………………………………… 092

鞋　底 …………………………………… 095

鞋　垫 …………………………………… 098

鞋　花 …………………………………… 100

鞋　楦 …………………………………… 100

鞋　拔 …………………………………… 101

第二节　各种样式的鞋子………………… **104**

制木屐 …………………………………… 104

泥屐儿 …………………………………… 106

草编鞋 …………………………………… 106

乾鞋和坤鞋 ……………………………… 107

制棉鞋 …………………………………… 108

三块鞋、槽鞋和皮底布面鞋 ·················· 109

钉鞋、雨鞋和油胶鞋 ·················· 109

屐桃、花屐与花鞋 ·················· 111

绣花鞋、小脚鞋与放脚鞋 ·················· 111

棕鞋与芦花鞋 ·················· 113

第四章　鞋履与地域文化

第一节　如日中天的川蜀鞋文化 ·················· 116

川蜀"靴鞋王国" ·················· 116

自立山头 ·················· 117

第二节　独特的岭南八闽鞋文化 ·················· 119

海洋文化中的民风鞋俗 ·················· 119

粤闽地域客家群体鞋风情 ·················· 120

粤闽地区少数民族鞋风俗 ·················· 121

第三节　北方布鞋的地域性优势 ·················· 123

北方布鞋的地域特点 ·················· 123

天津地区的近代制鞋业 ·················· 125

第四节　我国少数民族地区布鞋 ·················· 131

中华历代鞋的"活化石" ·················· 131

各少数民族的鞋文化民俗 ·················· 132

第五章　鞋履趣话

第一节　鞋履史话 …………………………………………… 138

《周易》中的"履卦" ……………………………………… 138

赵国春申君珠履三千 ……………………………………… 139

庄子履穿行 ………………………………………………… 139

王乔双凫 …………………………………………………… 139

汉哀帝听履 ………………………………………………… 140

履　冰 ……………………………………………………… 140

玩之屐 ……………………………………………………… 140

屦贱踊贵的由来 …………………………………………… 141

脱　屣 ……………………………………………………… 141

只履西去 …………………………………………………… 142

汉张良圯桥进履 …………………………………………… 142

六朝王湝判靴 ……………………………………………… 143

汉伯喈倒屣 ………………………………………………… 143

宋杨亿鞋底之谑 …………………………………………… 144

唐冯道买靴 ………………………………………………… 144

晋谢安折屐 ………………………………………………… 144

阮孚屐 ……………………………………………………… 145

南梁高爽作"屐谜诗" ……………………………………… 145

第二节　鞋履逸事 …………………………………………… 146

白玉娘忍苦成夫 …………………………………………… 146

勘皮靴单证二郎神 ………………………………………… 147

陆五汉硬留合色鞋 ………………………………………… 148

毛大福 ……………………………………………………… 150

游花台李白倒晒靴 ·············· 151

杜甫与棕鞋 ·················· 152

张凤台买鞋 ·················· 154

鞋匠揭皇榜 ·················· 155

第三节 三寸金莲 ·············· 158

三寸金莲的发端 ·············· 158

三寸金莲的审美与功能 ·········· 159

帽子篇

第六章 探索帽子起源之谜

第一节 追寻帽子的历史 ·········· 164

帽子简史 ·················· 164

动物冠角的启示 ·············· 168

第二节 冕冠与冠制 ·············· 170

冕冠的出现 ·················· 170

显示身份的冠制 ·············· 172

第三节 各个历史时期的衣冠 ········ 176

魏晋南北朝时期 ·············· 176

隋唐时期 ·················· 177

宋辽金元时期 ·············· 179

明朝时期 ·················· 184

清朝时期 ┄┄┄┄┄┄┄┄┄┄┄┄┄┄┄┄┄┄┄┄┄┄┄┄┄┄┄┄ 187

第七章　帽子的发展演变

第一节　凤冠与头巾 ┄┄┄┄┄┄┄┄┄┄┄┄┄┄┄┄┄ 192

凤冠的发展演变 ┄┄┄┄┄┄┄┄┄┄┄┄┄┄┄┄┄┄┄ 192

头巾的发展演变 ┄┄┄┄┄┄┄┄┄┄┄┄┄┄┄┄┄┄┄ 196

第二节　幞头与抹额 ┄┄┄┄┄┄┄┄┄┄┄┄┄┄┄┄┄ 201

幞头的发展演变 ┄┄┄┄┄┄┄┄┄┄┄┄┄┄┄┄┄┄┄ 201

抹额的发展演变 ┄┄┄┄┄┄┄┄┄┄┄┄┄┄┄┄┄┄┄ 204

第八章　冠帽趣话

第一节　趣谈冠帽 ┄┄┄┄┄┄┄┄┄┄┄┄┄┄┄┄┄┄ 210

"纶巾"趣闻 ┄┄┄┄┄┄┄┄┄┄┄┄┄┄┄┄┄┄┄┄ 210

"网巾"趣闻 ┄┄┄┄┄┄┄┄┄┄┄┄┄┄┄┄┄┄┄┄ 210

"硬裹"趣闻 ┄┄┄┄┄┄┄┄┄┄┄┄┄┄┄┄┄┄┄┄ 211

"风落帽"趣闻 ┄┄┄┄┄┄┄┄┄┄┄┄┄┄┄┄┄┄ 211

"折角巾"趣闻 ┄┄┄┄┄┄┄┄┄┄┄┄┄┄┄┄┄┄ 212

"四角方巾"趣闻 ┄┄┄┄┄┄┄┄┄┄┄┄┄┄┄┄ 213

第二节　名帽知多少 ┄┄┄┄┄┄┄┄┄┄┄┄┄┄┄┄┄ 214

军戎盔帽 ┄┄┄┄┄┄┄┄┄┄┄┄┄┄┄┄┄┄┄┄┄┄ 214

朝　冠 ┄┄┄┄┄┄┄┄┄┄┄┄┄┄┄┄┄┄┄┄┄┄┄┄ 215

吉服冠 ┄┄┄┄┄┄┄┄┄┄┄┄┄┄┄┄┄┄┄┄┄┄┄┄ 215

行　冠 ………………………………………… 216

清代的暖、凉官帽 ……………………………… 216

清代风帽 ………………………………………… 217

便　帽 …………………………………………… 217

小　帽 …………………………………………… 217

毡　帽 …………………………………………… 217

参考书目………………………………………… 219

鞋履篇

第一章
探索鞋履起源之谜

　　远古居民是没有鞋子穿的，聪明的人类就用兽皮裹脚来取暖，所以用兽皮裹脚是人类鞋靴的原始形态。人们以天然兽皮为原料，用锋利的石器切割而成，然后沿着不规则的兽皮边沿，挖了许多小孔，用狭小皮条或绳索穿过小孔。穿用时将脚踩在兽皮上，拉紧皮条或绳索，收拢皮子裹住脚，不致脱落，起到保护双脚不受冻伤和刺伤的作用，这就是人类最原始的鞋。

第一节 古代鞋履的源起

■ 皮鞋始祖 "裹脚皮"

据我国人类学家的研究与科学推测，认为我国大地上的古人类从四肢着地的类人猿进化到直立行走的"巫山人"，至今已有 180 万年的历史。当古代原始人的双手从爬行中完全解放出来后，人类的双足便开始承担全身重量，在荒野中奔波猎捕以求生存。善于狂奔的两只脚成了古人类猎取野兽、逃避危急赖以生存的基本条件。保护双足也就成为古代先人们迫切需要解决的首要问题。在华夏大地上，原始人类用各种简单的石制工具捕获动物。在猎获到野兽等动物后，就抬回到有火种的居住洞穴里，用原始的石制或骨制工具对猎物剥皮分割，啖而食之。在这个"食其肉而用其皮"的远古时期，剥取的兽皮成为古人类保护双足随手可取的鞋材。正如战国时期哲学家韩非子在《韩非子·五蠹篇》中考证了古人的原始鞋履为"妇女不织，禽兽之皮足衣也"（足衣即鞋的古称）。其意思是，在人类还没有发明纺纱织布前，野兽动物的皮革就是人类采用最早的鞋材。也就是说人类早在 100 万年以前就开始用皮革材料来制鞋了。那么在人类的幼稚期，是如何制造原始"皮鞋"的呢？从人类学考古和出土文物来推断：我国古人类皮革制鞋行为大致可以分为三个阶段。

▲ 远古时期的兽皮鞋

第一阶段：茹毛饮血时期，这是人类处在智力低下期，仅能使用极其简单的石制砍削工具维持生命，皮革在粗糙地砍削下形成边缘不规整的块状物，然后包裹住双足，再用砍制的小皮条将切割成块状的兽皮包扎在脚上，实际上是一种"原皮"鞋。这是最早的足衣，距离今天已有百万年以上历史。因皮革用于裹脚，亦有"裹脚皮"之称。它是人类最古老的始祖鞋，也是今天鞋子的原始形态。当人类智力进一步提高后，学会了在皮革上切割孔洞，把原来用于捆绑"裹脚皮"的小皮条穿在块状兽皮的边缘小孔中，用皮条把皮革收束起来包住双脚而制成"束脚皮"。由于"束脚皮"的材料直接取之于大自然，因此便于加工，易于护足，也是人类与大自然生态和谐的产物。所以人类在世世代代的生产斗争中保留下这种适应性很强的"束脚皮"，至今在我国西北地区的维吾尔族、柯尔克孜族、塔吉克族等少数民族中仍然沿袭着古代先人的此类"皮鞋"。

第二阶段：北京人时期，这是在人类智力发达后，发明了骨针的历史转折时期。距今2500年前的北京山顶洞人智力发达，已经有能力制造精细缝纫工具——骨针，北京山顶洞人当时磨制的骨针长82毫米，粗3毫米，并钻有1毫米直径的针眼，人类这种划时代的创造首先改进了"裹脚""束脚"的鞋型；古代先人在掌握缝制兽皮的专用工具后，把"束脚皮"上束收的褶皱部分用骨针缝制成固定的鞋脸，后跟部分也用针线钉牢。在历史长河中，进化的工具促进了"原皮包足"鞋的革命。这种"束脚皮"式的皮鞋逐步演变成一双定型的鞋面褶皱的"皮鞋"。其缝线则是把动物韧带劈开的筋条，由于这种缝制的"皮鞋"更能适应恶劣环境，至今在我国东北部的鄂伦春族、赫哲族等少数民族还保留此种古老的制鞋工艺。为提升鞋面的保暖功能，先人们在鞋面上又缝制一块皮革而制成了皮鞋史中最重要的过渡鞋型——"褶脸鞋"，底帮不分的"褶脸鞋"是先把兽皮按脚的形状与大小裁切，然后用骨针按脚形缝合兽皮。比如在新疆塔里木盆地南缘，扎洪鲁克古墓中发掘出的2900年前的褶脸鞋，缝合的鞋面褶皱表明当时的缝制工艺已达到相当水平。

▲ 褶脸鞋

第三阶段：新石器时期，这是人类已进化到磨研精巧石制工具的时期。距今5000年左右。在长期的生产实践中，先人们认识到皮鞋的底与面在使用中的功能不同且磨损也不同。他们对底帮不分的原始皮鞋进行改革，选柔软的皮用于鞋面，挑选耐磨的硬革用于鞋底，再用缝绱技术制造出底帮分部的皮鞋。这就是今天皮鞋的雏形。2003年新疆文物考古研究所小河考古队挖掘考察了3800年以前的小河墓地，获得服饰保存完好的举世罕见的干尸，这双男皮鞋就是牛皮和猞猁皮缝制的底帮绱合的短靴。制作鞋底的皮革毛朝外（毛朝里易藏沙子），靴面和短筒的皮毛朝里。在我国新疆哈密五堡古墓出土了一具3200年前穿着完整皮靴的男性干尸，足上穿着一双底帮合绱的羊皮鞋，而且鞋面是分割的，这种镶拼技术更加接近现代皮鞋工艺。在新疆吐鲁番也发掘出一双同时代的皮靴，这双鞋的靴底、鞋帮和靴筒是用三块不同的皮料缝合，愈加体现出古人的制鞋镶拼技巧与工艺。

通过上面三个原始阶段的发展，我国的皮鞋工艺到了奴隶制社会已初步定型。自从中华民族有史以来，历代史书都记载了大量的皮鞋史料，特别是在中华民族大融合、文化大交流的历史时期，皮鞋业糅合了各族人民的制鞋经验，得到了快速发展，并且名列在世界皮鞋业的前茅。例如1934年在新疆楼兰遗址出土的西汉时代的皮鞋，鞋底是硬牛皮，而鞋面是带毛的软革，制鞋应用了帮底反绱工艺；又如在元代遗存的皮靴上竟绣有花卉纹样，并且在皮靴的鞋头及鞋后跟部位还敷有贴绣。元代的这双鞋靴的技术含量与艺术含量可以和现代皮靴攀比；同时这两双皮鞋的"反绱工艺"和原始皮鞋"底帮分部""靴面镶拼"等三大技术成就，是我国皮鞋业永远的自豪与骄傲。

■ 远古走来的草鞋

从浙江省河姆渡原始社会遗址中发现，中国人利用植物的枝叶、根茎为原料编织穿戴用品至今已有 7000 多年的历史。1972 年中日两国考古学家在苏州东部阳澄湖南岸的草鞋山发掘到大量的人类新石器时期的遗物，证实太湖流域早在 6000 年前先人们就已栽培种植水稻，水稻秆芯为编织草鞋提供了优越的材料。同时在草鞋山还出土了一双精美的玉雕草鞋。不可辩驳地证明我国草编鞋至少已有了 6000 多年的历史。考古学家认为，人类自古所穿的鞋履无论用何种材料做鞋材，从几何形状分类只有两种：片状材和线状材，片状材包括革皮、树皮、纺织品等。片状材可以直接剪裁制成鞋的帮面和底料。线状材是指线绳材料，须通过编与织的工艺将线交织成鞋的帮面与底料。人类常用线状材大致有：草茎、稻秆、麻线、竹篾等。草编鞋便是先人们最早应用线状材料编织成的鞋履。

从人类鞋履发展史来看：人类最早的鞋饰是原始的"裹脚皮"。当人类从简单的兽皮裹脚发展为编织草鞋时，标志着人类智力从低级向高级演化的一次飞跃，草编鞋是我国先民运用智慧向大自然挑战的伟大创举。我国南北大地上植被中最普遍的资源是草本植物，繁衍生息在华夏大地上的先人们在与大自然的搏斗中，充分应用遍地草茎创造出绮丽、粗犷的草鞋文化。大大推进了文明的进程。鉴于草类植物强大的环境适应性，以及草鞋制作简便、经济适用的特点，中华民族穿用草鞋的地区几乎遍及全国各地。从史料记载来看，草编鞋几乎成为我国大部分民族的传统民族鞋饰。体现了华夏大地上各民族鞋履的文化传承以及各民族独特的草鞋文化与审美意识。

汉族的草鞋大都用稻草或龙须草，用干稻草编织的俗称"秆草鞋"。民间一般在七齿耙或九齿耙上编制。用麻绳为"经"、草索为"纬"，编成"脚底形"。前头两边及后边编织出六只鞋耳扣，用草绳或布索贯穿鞋耳系在脚面，既牢固又实用。据《本草纲目》记载："粳米补中益气，为祛暑湿之剂，其茎燥湿利气治脚气也。"则用粳稻米之秆芯制作草鞋尚有"燥湿利气治脚气"之医疗保健功效。生活在祖国东北地区的朝鲜族是穿草鞋历史悠久的民族，早在汉代，朝鲜族先人已穿着"布袍草履"，朝鲜族穷人大多赤脚，他们视草鞋为"有钱人"的享受。其草鞋编织多样化，有的犹如船形，有的形如满帮的布鞋。世居广西罗城的仫佬人，男女老少都会编织草鞋。罗城草鞋种类繁多，有九层皮草鞋、牛筋榔草鞋、

▲ 草鞋

龙须草草鞋、竹壳草鞋、烂皮藤草鞋、黄麻草鞋、禾秆芯草鞋等。其中，竹麻草编鞋最有名。居住在路湿苔滑、石壁陡峭的山区的仫佬族在实践中认识到竹壳草鞋易打滑，禾秆芯草鞋且松脆，都不适应山区崎岖之路。而既有韧性又防滑的竹麻草鞋，山区仫佬人至今仍在沿用。贵州黄平苗族用草鞋来占卜女儿婚姻大事：姑娘出嫁前几天，她们选出一把又长又白的糯米草，请寨里那些父母健存、儿女满堂的人打双"出蒙草鞋"，出嫁时穿着草鞋去夫家，三天后回门仍穿这双草鞋回娘家。穿草鞋出嫁，一方面是防滑，以免把女儿的魂魄滑掉；另一方面为测命，穿草鞋往返走一趟后，脱下来看鞋底，看看鞋尖、鞋中和鞋跟哪一段先被磨烂，哪一段坚实无损，就可以卜兆她各个人生阶段的祸福。瑶族穿用的四耳草鞋精细美观，爱美的瑶族妇女把彩色绳索同时编进草鞋，既增加草鞋耐磨度又能翻新花样。侗族一般喜穿无后跟的草鞋，侗族妇女在结编草鞋时掺入各色丝线，组成绚丽的彩条装饰，既强化了易损部分，又体现了民族审美情趣。

　　草编鞋的材料和穿着主体表明它的主格调是朴实无华的，但是在某些特定历史时期、特殊的环境下，它曾为人类的进步与发展作出过不朽的贡献。在封建鼎盛时期的唐代，草编鞋一跃成为我国鞋履文化中一道亮丽的风景线，如在新疆吐鲁番唐墓中出土的一双编织履。在发掘出土时，其鞋面精微细密的程度使得考古人员误认为这是一双用丝线编织成的鞋履，但在仔细辨认后才确定是用蒲草一类植物的草芯和草叶编织而成的草编鞋。经考证，唐代统称此种草编鞋为"线鞋"。在唐代现存的绘画、彩塑、壁画中有大量反映。此种高贵的草编鞋只有贵族妇女才能享用。而一般侍女和民女只能穿用草芯和麻绳编织的较粗糙的草编鞋。在近代革命史中，草编鞋又创造出中华民族特有的以艰苦奋斗为主旨的文化精神，最为人们所颂扬与赞叹的莫过于称为"红军鞋"的草编鞋。它曾伴随千难万险的红军战士走过了两万五千里的长征，走出了中国革命史上光辉的一页。笔者为了解"红军鞋"的历史奇迹，曾到贵州地区实地考察，收集到当年"红军鞋"的原型。当地群众还亲切地称红军穿过的这种草编鞋为"量天尺"，赞扬红军将士以革命的乐观主义面对着恶劣的自然条件与战争环境，一步一个脚印，依靠"草鞋精神"夺取了天下。在中国半封建半殖民地时期，贫穷逼迫乡人海外求生。在闽南侨乡，称侨居海外番邦的乡亲为"番客"。往昔为"番客"接风洗尘必须履行"脱草鞋"的村规乡俗。所谓"脱草鞋"，是让在海外穿草鞋艰苦谋生的"番客"归来后脱去草鞋歇一下脚。后来演变成对归侨接风的一种礼仪。至今晋江还流传着这样一首《草鞋歌》：

我在番邦跳脚筒，不是坐店开米行，

为着家中日子红，草鞋穿破几十双。

"跳脚筒"就是当跳夫、车夫，卖苦力，何止穿破几十双草鞋。归国时，乡亲们为答谢他们对家乡的贡献，让他们象征性地"脱草鞋"

洗尘歇息。"脱草鞋"礼俗真实记载了早期海外华侨的奋斗史。

随着时间的推移与社会的发展，草编鞋所蕴含、彰显的时代一去不复返了，但是中华民族的这种"草鞋精神"和中华服饰中的"草鞋文化"却是永垂青史的。

■ 足下生辉的布鞋

凡是以纺织品为鞋料制造的鞋饰一概称为布鞋。我国的纺织品从历史渊源来分，最原始的纺织品包括了葛布、麻布、绸布，汉代以后从西域传来棉花，我国开始有了棉纺织品。所以从出现的时间排队，我国的布鞋家族计有葛布鞋、麻布鞋、丝绸鞋、棉布鞋。可见布鞋的起源和发展是随着中华民族的物质文化与社会经济的发展而同步成长的。我国最早的布鞋可追溯到人类新石器时代。

1958 年在浙江省吴兴县钱山漾新石器遗址中，发掘出一批安放在竹篮中的纺织品，其中有绢片、丝带、丝线等丝织物以及麻织品。绢片尚未碳化，呈黄褐色；丝带和丝线虽已碳化，但仍有一定的韧性。经过与同批出土的稻谷一

▲ 绣花鞋

起用放射性同位素碳 14 测定，得出其绝对年代为距今 4815 年或 4615 年。这也就是说，有 4700 年左右的时间。这是我国也是世界至今发现的最早的丝绸与麻布残片。同时考古学家又在江苏省吴县草鞋山新石器遗址中发掘出了三块葛布残片。根据以上大量出土文物证明，我们可以肯定地说，布鞋开始于人类的新石器时代，那时还是原始社会，距今大约有五六千年的历史，这是中华民族先人才智和聪慧的结晶。从文字记载追踪，出现最早的关于布鞋的文字是在至今 2500 年前的《诗经·魏风》诗句中"纠纠葛屦，可以履霜。掺掺女手，可以缝裳"。我国最早记载有图形的布鞋是"舄"，始于商周。是一种以葛布为鞋面，以木为底的鞋子。"舄"通常用于祭祀、朝会。男女均可穿着，所用颜色略有差别，大抵与冠服相配，为王（后）及诸侯所穿。南北朝曾改"舄"为双层皮底，至隋恢复其旧。唐宋元明历代因袭。至清，祭祀用靴，"舄"制遂废。至今出土的布鞋文物最早是秦汉时期湖北江凌凤凰山西汉墓出土的一双麻鞋。

在布鞋家族中的佼佼者当属丝绸布鞋。丝绸布鞋汇集了中华民族最优秀的丝绸文化和最灿烂的刺绣文化，因此文人常以绣花鞋来表达中国情结。布鞋技术与刺绣艺术完美结合的中国绣花鞋是中华民族独创的鞋饰。历代都把绣花鞋作为本民族民风习俗的载体从而体现百姓的情感世界。到了明清时期，绣花鞋在工艺、图案和造型等各方面都已达到顶峰，这种根植于民族文化中的生活实用品被世人誉称

"中国鞋"。

在男耕女织的社会经济结构中，绣花鞋成了历朝各代考核女子心灵手巧的标志物。历代妇女一代代传承着古老的绣花鞋技艺，在不盈方尺的鞋材上她们一针一线地述说着各个朝代的审美观念、文化传统、伦理道德与时尚价值。绣花鞋的刺绣修饰手法沿袭了东方"装饰唯美"的审美风尚；注重鞋面的章法和鞋帮的铺陈，配以鞋口、千层底的工艺饰条，在鞋头到鞋跟的部位绣上繁缛华丽的纹样。绣花鞋绣纹主题来源于生活，主旋律是民间文化和民俗风情，基本图案有花鸟鱼虫、器物用品、瓜蔬果实等。吉祥图案有连生贵子、喜鹊登梅、双福捧寿等，寓意着生命的赞歌和美满的人生。

中国女子从自己的婚嫁喜日到孩子的满月周岁，从家人的华诞大寿到老人的丧事冥日，凡是人生大事之际都用一双双绣花鞋表现自己的感情世界和艺术魅力。在我国 2000 多年的封建社会中，将"男大当婚，女大当嫁"视为人伦之首，婚嫁礼俗成为传统礼制的高度整合体。绣花鞋在婚嫁礼俗中首当其冲，鞋饰文化以其特有的物质形态和社会心态表述了人们对婚姻的美好祝福。绣花鞋作为我国女子手艺（女红）的载体，成为男方评价出嫁女子贤惠和灵巧的第一印象。鞋的口彩谐音象征着婚姻中夫唱妇随的"和谐"，相伴到老的"同偕"；鞋成双成对的偶配特征意喻着男女地配天合，子孙绵延的生育祈盼。所以在古代婚嫁仪规中，从媒妁定亲到洞房成亲，中华大地上始终延伸着布鞋。

中华布鞋文化除了注重鞋体的款式、纹样、色彩外，布鞋鞋底亦是一块举"足"轻重的艺术修饰部位。鞋底文化所彰示的民间艺术特征，不仅在中国鞋文化中占有一席之地，在世界鞋史中也具有独到之处。布鞋鞋底的艺术修饰分两个层面，一层是鞋底与足掌紧贴的内底面，另一层是鞋底与地面接触的外底面。内底面艺术体现在两种装饰工艺上，一是直接在内底面上描纹绣花；二是把装饰功夫下在鞋垫上，使用鞋垫既扩展了内底面的修饰效果，又起到了内鞋底的保洁作用。由于内鞋底的修饰费工费时又不宜保持卫生，则鞋垫基本上替代了内底面的艺术修饰功能。经代代承袭，民间鞋垫艺术日臻完善，成为中华鞋艺术中的重要组成部分。

■ 靴的起源

靴的概念在古代与现代还是存在差别的。现今把长过脚踝的鞋子称为靴子，古时除此之外也有将长不过脚踝的鞋子称为靴的，如草靴和清代的快靴都长不过脚踝，但以有筒之靴居多。

有关中国古代靴的起源大致有三种说法：第一，靴是胫甲（鞋帮）

▲ 楼兰出土的羊皮靴

与鞋子结合的产物。有学者根据殷墟出土的胫甲推断，此即靴统的前身。而在清代晚期，有人将清代妇女的宽口裤的裤管与弓鞋结合在一起造出"三寸金莲"靴。清代的史实有力印证了学者的推断，成为此种说法的重要依据。第二，靴是春秋时期著名的军事家孙子发明的。相传，孙子被奸人所害受膑刑（膑刑，古代指砍去膝盖骨及以下的酷刑。），双脚不能行走，又不能支撑起来，指挥操练庞大的军队十分困难。于是设计了有胫甲和鞋底两部分的图样，并刻制木楦，让鞋匠用较硬的皮革制成了一双"高甬子履"，其实就是高腰皮靴，这成为现代皮鞋的雏形，也是世界上皮鞋的始祖。孙膑依靠较硬的靴帮和鞋的支撑力便可以行动了。此后，很多人纷纷效仿，用皮革做起靴来。第三，中国靴始于战国赵武灵王，此说法有多处文献印证。《释名》云："古有舄履而无靴，靴字不见于经，至赵武灵王始服。"《说文解字》也云："鞮，革履也，胡人履连胫，谓之络鞮。"又见《中华古今注》云："靴者，盖古西胡也，昔赵武灵王好胡服，常服之，其制短勒黄皮……"说证据比较确切，故一般公认这是中国靴的开始。

公元前352年，赵武灵王进行大胆的军事改革，引进胡人的短衣、长裤和马靴装备来武装赵国军队，使赵国军队长于骑射，赵国从一个孱弱的国家一跃而成战国七雄之一。从此，胡履便成为华夏族鞋饰的一部分，并沿用了2000年。

西域的靴子早于中原并传入中原是有据可考的：在新疆楼兰曾出

土过一具距今 4000 年左右的女干尸，她脚上穿着一双羊皮靴。皮呈灰白色，靴子内部还存有微黄的羊毛。靴子做工极为精巧，针脚细密，用筋线缝制，相当牢固。靴统高约 20 厘米，还有窄细的皮条制成的搭攀。这双靴子由靴统和靴底两大部分组合而成，已经实现了"帮底分件"。这种皮靴与之前用整块兽皮裹住脚的"原始鞋"完全不可同日而语。

这双跨越 4000 年的西域靴子，为"靴者，盖古西胡也"的说法做了最好的证明。更为研究中原一带华夏族靴的起源提供了可靠的历史依据。

■古老的足衣——市屐

中国历史上屐饰名目繁多，有木屐、竹屐、草屐、皮屐、帛屐、蜡屐、棕屐、谢公屐、勾背屐和画屐等。

晋文公所制之屐被公认为中国第一屐。据史料记载，最早的木屐始于战国晋文公，相传晋国大臣介之推被烧死在锦山上，晋文公为纪念他，将其死时所抱之树制成木屐，每年祭日便向木屐深深鞠躬。历史上还有一种以帛为画、以木为底的舄由布鞋，如果把这种鞋子也划归木屐的话，那木屐的起始时间还要再往前推。

在此之前，历史上还有一种全木制的靴子，据《中国通史》载：相当于夏朝时，苗人有一种木靴是作为刑具用以处罚奴隶的，此靴长约 1 米，直径 30 厘米左右，形如圆木，中有二孔。用时将奴隶双脚套入，再加木锁或铁锁锁住，防止奴隶逃走。直至解放前，云南少数民族地区还有这种被称作木靴的刑具。

但这件器具实质上是刑具，不能够划入木鞋或木屐之列。

■ "暗藏玄机"的夹带鞋

在中国鞋履文化艺术中，除了竭尽鞋面的绣工与装饰外，鞋底亦是举"鞋"轻重的一块文化阵地。在这不盈方尺的鞋底上，功能扩展与艺术展现达到了极致的地步。

夹带鞋是鞋底护足功能向外延伸的典型鞋类。"夹带"顾名思义是利用鞋底夹带其他对象，比如科举考试夹带鞋和粉脂香料夹带鞋。

1. 科举考试夹带鞋

科举考试是中国古代通过考试选拔官吏的手段之一，平民百姓可以借此机会跻身上层社会。为了达到这样的目的，一些人想出了各式各样的作弊手段，夹带考试范文进入考场内是最常见的作弊方法，具备夹带考试内容的夹带鞋应运而生。笔者收藏了一双清代罕见的夹带鞋，移去鞋里的鞋垫，在两只鞋底当中特制的暗箱里，分别夹带有两本考试范文袖珍本。八股文是明清科举考试时所采取的专门文体。文体自有固定的格式和清规戒律，这两本袖珍夹带本内容全是为应对科考的格式和规定而编辑的。其中包含有多种命题的30多个作者约40篇不同风格的文章，每本夹带书大小约 4.5 厘米 × 4.5 厘米，厚 0.3 厘米，共42页，竖排线装，对折装订，纸质似宣纸。在火柴盒大小的页面上约有400个蝇足小字，字体之小，密度之大，印刷之精实属罕见。我国开科取士的科举制度是始自隋朝开皇七年（587年），到清朝光绪三十一年（1905年）废止，历经1300多年。但开科以来，一些生员、举子们从来就没有断过用作弊来获取"连中三元"的念头。不过，古代科举考试对作弊查得也挺严。据悉，清朝乾隆皇帝亲自对考生的衣着装扮做过严格规定：衣服、裤子乃至帽、袜都必须是单层的，鞋必须是薄底的……同时，入场前还要脱衣接受检查。故该袖珍夹带本在古代属禁书，所以无任何刻印者署名和刊刻时间。但夹带鞋却为研究清代科举制度提供了实物史料。

2. 脂粉香料夹带鞋

笔者的藏鞋中有一双浓艳之中又带几分雅致的有统高跟三寸金莲，从外形来看是典型的淑媛弓鞋。若论尺寸，长度约为三寸，鞋底最宽的部分也只有一寸。从工艺上看，确实也是针缕细密，做工考究。鞋面上的绣花图案是一针一线手工刺绣，但在这双弓鞋的鞋底中却暗藏玄机：拉开鞋底上的带纽，一个夹带香料的小抽屉展现出来。小抽屉散发出的一股股幽香扑面而来。这就是中国古代著名的粉脂香料夹带鞋。在"脚小唯美"的时代，骚客、文人总是绞尽脑汁、费尽心机地鼓吹三寸金莲的审美情趣，大唱小脚之赞歌，用一双小脚来判定一个女性的美与丑，甚至制定出"瘦""小""尖""弯""软""正""香"

七条小脚标准。前面六条标准是在缠足成功后已经定型无法改变的性状，而只有"香"是需要后期人为来添加的。当每只脚被一丈之长的缠足布裹得密不透风时，其味是不言而喻的，正如民间流传的歇后语："王母娘娘的裹脚布——又臭又长"。所以如何使三寸金莲"香气沁人"也成为小脚女性追求的时尚美。粉脂香料夹带鞋把香料和鞋底完美地结合起来，既能使女性小脚处于香熏之中（犹如当今女性喷洒香水），又能达到"步步生香"的幽雅境地。

除了注重鞋体的款式、纹样、色彩外，鞋底亦是一块不可忽视的艺术修饰部位。鞋底文化所彰示的民间艺术特征，不仅在中国鞋文化中占有一席之地，在世界鞋史中也具有独到之处。鞋底的艺术展现分两个层面，一层是鞋底与足掌紧贴的内底面，另一层是鞋底与地面接触的外底面。

为了扩展内底面的修饰效果，起到内鞋底的保洁作用。聪慧睿智的中国妇女运用鞋垫满足了内底面的艺术扩展。经世代承袭，民间鞋垫艺术日臻完善，成为中华鞋饰艺术中的重要组成部分。在我国民俗生活中一双双绣花鞋垫往往成为某种情感的寄托物。如民间妇女常常给出远门的丈夫或父兄准备厚厚的一叠绣花鞋垫并绣上祝福颂词，期望他们即使走到天涯海角都会感到亲人的温暖与情意。民间鞋垫的图案内容大都是吉祥祝福的民俗传统纹样，如蝶戏牡丹、鲤鱼穿莲、喜鹊登梅等。由于我国大江南北"十里不同风，百里不同俗"，各地鞋垫纹样自成体系。总体来说南绣鞋垫精细写实，北绣鞋垫粗犷写意，但无论南北各省、区鞋垫都有各自的地方艺术风格和民间审美情趣。旧时，民间流传有"看鞋垫认同乡"的习俗。

■ 家居用品"皮拖"

在人类茹毛饮血的远古时期，华夏大地上以狩猎为生的先人们首先学会了"食其肉而用其皮"的生存技能，兽皮成为古人类保护双足随手可取的鞋材。正如战国时期哲学家韩非子在《韩非子·五蠹篇》中的考证："妇女不织，禽兽之皮足衣也。"证实在人类还没有发明纺纱织布前，皮革是原始社会的重要鞋材。专门记载黄帝史事的《世本》指出：黄帝的臣子于则"用革造扉、用皮造履"。这是我国皮革用于鞋履的最早记载。到了商周时期皮革制鞋技艺已趋成熟，大量西周铜器的铭文中都有制备鞋用皮革的文字。据载，商朝宰相伊尹善于"用革做履"。唐代刘存在《事始》卷十中解释"履"："鞋，古人以草为屦，皮为履。"仅以商代算起，华夏民族的原创革鞋——"履"的生产技艺至少也有 3000 年的历史了。

用皮革制成拖鞋的形制——皮拖，在中国鞋文化史中，有其专用词汇。如唐朝以前多用蹻履、靸履、革鞘和丽履，而唐后常用皮屦、革屐、跣子等。最早有关皮拖的文字在秦汉古典中出现，比如先秦文献《庄子·让王》中："原宪华冠蹻履，杖藜而应门"；以及西汉《急就篇卷二》

中，启蒙儿童时列举的生活用品"靸鞠印角褐袜巾"中首先提出"靸"。其中"跐屦"和"靸"皆指皮拖鞋，其具体的形制和款式可以在唐代的文献中获得印证。唐代陆德明在《经典释文》卷二十八释为："跐屦，谓屦无跟也。"唐代儒家学者、语言文字学家颜师古定义"靸"为："靸谓韦屦，头深而兑，平底者也。"即"以熟皮为鞋材的深脸、尖头，平底、无跟之拖鞋"。

在汉代，皮拖成了时尚的家居用品，如汉时的司马相如在《娇女诗》中释为："从容好赵舞……屣履任之适。"甚至鲁迅先生于1933年3月在"论语"刊物着文称："汉朝就确已有一种'利屣'，头是尖尖的，平常大约未必穿罢，舞的时候却非此不可。"

穿皮拖跳舞不仅提高了舞女身价，也保障了汉代舞蹈中的"跕丽"与"蹝屣"的舞姿。普通鞋的鞋底在鞋帮的约束下无法实现"悬起""升旋"中跕脚的体态，而皮拖却完美地表现了飘逸、节奏和舒展的汉代舞蹈语言。皮拖鞋的鞋底挺而薄，其和脚底与地面皆可形成节拍器的作用。木屐虽然也能拍打出声，但我国古代木屐的形制基本都是带双齿的，犹如东汉末年东吴出土的连齿木

中国古代鞋帽

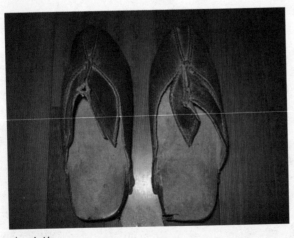
▲ 皮拖

履，不适合做舞鞋。汉代的帛鞋（纺织物为鞋材的鞋）以麻鞋为主，其鞋底软而不挺且不耐磨，也不宜当舞鞋。

在皮拖的一合一开中，皮底既能与脚底打出节奏，也能和地面发出节拍的声响。如唐代范摅在《云溪友议》卷五中所叙："更着一双皮屧子，纥梯纥榻出门前。"

正当我们在文山史海中寻觅皮拖文化的遗产时，有幸在四川出土的两块汉代画像砖中发现了皮拖的具体形象资料。四川画像砖在国内是最具浓郁地方特色的图像资料，特别在市井内容与图像题材上，再现与弥补了颇多社会生活史料。汉画砖中服饰与鞋履具体的形制和应用，在中国服饰史上也占有举足轻重的地位。描绘皮拖穿着形象的一块汉画砖是 1972 年在四川大邑县安仁镇出土的"丸剑宴舞画像砖"。考古学家认定为东汉时期作品，该砖尺寸为 38 厘米 ×44.7 厘米，藏于四川省博物馆。另一块汉画砖是由成都市文管处 1975 年在成都市郊金牛区曾家包出土的东汉"丸剑起舞画像砖"，该画像砖尺寸为 40 厘米×48 厘米，收藏于成都市博物馆。这两块汉代画像砖出土地点不同，尺寸有差别但其刻画内容惊人相似：在其右下方塑造了一位脚踏皮拖鞋翩翩甩袖的舞女形象。画像砖图案构思古雅，人物雍容大度，皮拖形制生动，堪称汉代艺术文化精品。川蜀地区出土 2000 年前皮拖具实画像，在中国鞋文化史上实属奇观，且在蜀地不同地点重复出现皮拖画像更属罕见，无可争议地证明了汉代川蜀地区的靴鞋业集群已初具规模，靴鞋业中的皮拖鞋处于华夏领先地位。出土画像文物把川蜀地区皮拖文化遗产，至少追溯到2000年以前。究史鉴今，弥足珍贵的皮拖鞋历史遗产对于今天繁荣与传播鞋文化，推动华服文化建设有着重要价值。

鞋名知多少

古人穿过多少种鞋呢？很多很多。古人留下多少鞋名呢？也是很多很多。

现将古人留下的鞋名罗列如下：

襄脚皮：它是用一根带毛的小皮条将整块切割而成的兽皮包扎在脚上的"鞋"。

自家鞋：自古以来，对民间家庭自制鞋履的俗称。

足衣：古时服饰有上衣、下衣和足衣之分。足衣即鞋袜。足衣古时也称足袋，意为装脚之袋。

舄：音两。复底履。鞋面为绸缎，鞋底下加一层特制的木底以防泥湿。

赤舄：以赤缎为面之舄。重底之鞋，即以革为底，又以木为重底。皇帝赤舄为舄中最尊之履。赤舄也称金舄。

黑舄：以黑缎为面之舄。皇后黑舄为舄中最尊之履。

云舄：饰有云头之舄。舄头制作时共挽十二根布条，左右各六，意寓

△ 赤舄

十二月。

絇：絇字言拘也。以为行戒，状如刀鼻，在屦头。即为近日之鞋梁。

繶：即鞋中圆浑的丝带，缀于鞋帮与鞋底相接之缝的丝带，如今日之嵌条。

纯：纯为古鞋的镶边。如近日之缘口。

綦：鞋带。

屩：是一种用草编成的鞋履，比较轻便，适宜行走。

芒鞋：芒为一种草生植物，中国各地都生长。此为用芒编成的草鞋。

扉屦：即为草鞋。

草屐：以草编成鞋面，以木为底的拖鞋。

芒鞻：即为草鞋。

扉：即为草鞋。

屣：也作躧或蹝，又称劚，皆为草鞋。后来也泛指鞋子。

躧：即为草鞋，为屣的前称。又《说文》释："躧，舞履也。"

菲：即为草鞋。

蹻：即为草鞋。

蒲履：即蒲草编成之履。

芒屩：即为草鞋。

黄草芯鞋：用黄草编织之屦，晋时宫内妃御者皆着之。

蒲窝子：以产于山东地区的一种蒲草之蒲茎编织的鞋，为冬天穿用，保暖效果特别好。又称蒲鞋或蒲靴。

蹝：同屣，古时鞋之一种，先时多以草做成。

芦花鞋：形似蒲鞋，以芦花编织而成，冬天保暖性极好，多流行于江淮一带。

靸：音洒。古时凉鞋名。

屝：汉以前之鞋名。

踦屦：单只的鞋

屦人：古时宫中掌王及后之服屦者。

鞋：古时是指一种装有高帮的便履，初用皮革制成，故鞋字从革旁。此外，其时也指一种比履小而浅的足衣为鞋。

鞵：古鞋名，亦为鞋之异体字。

趿子：靸鞋，即拖鞋。

金莲：又名金百合或金水百合。为晚唐后对女子缠足的美称，后来也引申为缠足者所穿之鞋。

坤鞋：古称乾为男，坤为女，故坤鞋即为女鞋。

鞜：兽皮做的鞋。

椶鞋：即棕鞋。

縢靸：一种深口而有些屈曲的鞋子。

八搭麻鞋：形容很破烂的鞋子（出自《儒林外史》）或为编有八个系绳耳的麻鞋。

勾背鞋：朝鲜族的一种传统鞋。浅口翘。旧时多以绸为面、以皮为底，现时多采用橡胶制成，男女皆着白色。

棕拖鞋：四川新繁地区生产的一种棕编拖鞋。

线鞋：隋唐的一种女鞋，以麻绳编底，丝绳为帮，编成凉鞋。

钉鞵：即鞋底有钉之生革鞮。

纸鞋：用纸折成的鞵。出土于吐鲁番唐墓中。此后，用纸折鞋的方法历代皆在民间流传。

鞜：古时皮制鞋名，一说为皮制鞋之鞋带。

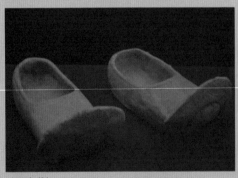

△陶鞋

鞝蹻：柔软皮革制成的鞋。

皂鞋：以黑缎或黑布所制之鞋。

陶鞋：以陶制成的鞋，出土于隋墓，似为陪葬品。

麻鞵：即为麻鞋。

山根鞋：古时富人穿的一种鞋子。

凌波：形容女性走路时步履轻盈。古时也用以代指妇女所穿的鞋子。

寸金：指女性的小脚。封建社会崇尚小脚，所谓三寸金莲即是。

双梁鞋：又名双脸鞋和洒鞋。通常为黑布面，双梁用驴皮制成，使鞋脸尤显挺括。

宋家鞋：万历年间北京大栅栏所制鞋的专称。

寿鞋：古今死者所穿之鞋，鞋底印有荷花图案。鞋面绣花，鞋底绣荷花和梯子，意为“脚踩荷花步步高”。

孝鞋：又名丧鞋。为纪念和哀悼死者所着之鞋。

婚鞋：女子结婚时穿着，鞋尖处绣有双喜或一对喜鹊之类喜庆图案。

祝寿鞋：晚辈敬奉长辈的寿庆之鞋，鞋上绣寿字或蝙蝠图。

花盆底鞋：满族妇女的一种代表性服饰。布鞋底下镶一木底。又称高底鞋。

黄道鞋：古时女子结婚上轿时穿用的用黄布折成的鞋。

踩堂鞋：古时女子结婚拜堂时所穿之鞋。一般为黄色。

睡鞋：旧时缠足女子结婚时进洞房上床所穿之鞋，为软底。

跑冰鞋：清代八旗跑冰演习时穿着。以一铁直条嵌入鞋底中，作势一奔，迅如飞羽，即近日的滑冰鞋。

小熊鞋：民间童鞋之一，形似小熊。

虎头鞋：民间童鞋之一，以虎头为饰。

猫头鞋：民间童鞋之一，以猫头为饰。

小狗鞋：民间童鞋之一，形似小狗。

小猪鞋：民间童鞋之一，形似小猪。

小兔鞋：民间童鞋之一，形似小兔。

老头乐：北方老人的棉鞋，为单梁深口并饰有鞋袢，系北京"内联陞"鞋店传统产品。

玉履：始于汉代专用于皇帝死后下葬时穿着的鞋。

鞋杯：又名双兔杯，金莲杯。即将酒杯放入鞋内饮酒，是一种庸俗的饮酒游戏。

软公鞋：即软翁鞋。旧时称北方人冬天所穿棉鞋为翁鞋。

福字鞋：民间鞋之一种，多为老年人祝寿时穿着，鞋上绣"福"字或绣蝙蝠图案，取其福之谐音。

错到底：鞋底为二色帛前后半节合成的鞋。元代始有此名。

练鞋：练，涷也。把丝麻或布帛煮得柔软洁白。古时，父母去世的第十一个月可穿练过的布帛制成的服饰。练鞋当为其中之一。

利屣：汉代跳盘鼓舞女子所着之舞鞋。

弓底鞋：鞋底呈弓形之鞋。一般指缠足鞋底，呈弯月状或弓形。

单脸鞋：一种单梁布鞋，如蚌壳棉鞋等。

履：古时鞋的总称。"履"本为动词，是"践""踩"和"着鞋"之意，战国之后，履字才渐渐作为名词。

韦履：韦，熟牛皮也。此为牛皮履。

鞮：鞮，兽皮鞋。

尘香履：南北朝时贵妇所穿之鞋。《烟花记》称："履内散以龙脑诸香屑，谓之尘香。"

屧履：以木为底所制之履，都为女子穿用。

趿园：即为响屧。

浴履：清代时澡堂内供洗澡人穿用的半截旧鞋。

歧头履：鞋翘为分歧之履，始于汉代。

远游履：一种用于出门行走的轻便鞋。此名初见于魏时。

躧履：靸着鞋走。

络鞮：胡人的连胫履，即靴。

鞾：即靴。

靰鞡鞋：又名乌拉鞋。以牛、马、猪等皮革做帮底，内垫捶软的靰鞡草，因此而得名。

六合靴：即为历代所称之皂靴，亦称六合鞾。

锦靴：以锦制成之软底软面靴，汉代即有，唐代女舞者皆穿之。

皮扎翁：流行于北方的一种有统皮履。至少明代已有。

乌皮靴：隋制和唐制均定为文武官员所着鞋饰之一种。

快靴：又名爬山虎。其底薄而统短，多为清代武弁和差官等穿着。

皂靴：又名六合靴或六合鞾。隋代起为王臣贵族所用，至清代更盛，百官、文人皆着，为黑色之靴。

胡履：西域或北族所穿之连胫履，即战国以后所称之靴。

方头靴：靴头呈方形并上翘的朝靴。以缎为之，明、清时帝臣上朝服用。

尖头靴：清代帝臣百官在非正式场合穿用的一种便靴。

毡靴：北方寒冷地区一种用羊毛毡制成的靴。

党家靴：万历年间北京东江米巷鞋铺所制靴的专称。

错络缝靴：为一种典型的元代靴。靴统上呈"十"字装饰状。

靴氊：以羊毛制成的靴统。

篆底：用通心草制成的鞋底，可减轻厚底靴之重量。

鞠：即靴统。

吉莫靴：即为皮靴。

钉鞾：带钉之靴。

奇卡米：达斡尔族男女所穿的一种皮靴。

玉代克：俄罗斯族及维吾尔族的一种皮靴。一般用牛、羊皮缝制，跟上有铁掌。

乔鲁克：塔吉克族男女所穿皮鞋，以牦牛皮为底，野羊皮为面的长统软靴。

艾特克：乌孜别克族的一种高统绣花女皮靴。

唐吐马：蒙族牧区妇女冬季穿用的一种半统靴，多以黑布、条绒制作，上边用彩色丝线绣出美丽的云纹，植物纹和几何图案。

木屐：有齿或无齿的木底拖鞋或木鞋。

竹屐：以竹制成的拖鞋。

皮屐子：是一种以生皮为面，以木为底之木屐，始见于唐代。

屐：古代鞋中之木底。但历代亦有将屐泛指为鞋或鞋垫者。

绦：即绦、縧或绦。用丝编织成用于鞋饰的带子或绳子。

鞋梁：履头饰，起支撑鞋头的作用，一般用硬（皮革）材料制成。

僧履：出家人所穿之鞋，用棉布制成，颜色一般为黄、灰、褐或黑。

跕：拖着鞋走路。

拿解：脱鞋，因古时"解"与"鞋"同音。

△ 朝靴

绪：古代制鞋时的一种密针缝纫法，如绪鞋口。

鞔：即鞋面。

两：古时鞋的计算单位，"两"即"双"的意思。

量：古时鞋的计量单位，可能从"两"的同音字发展而来，故"量"亦即为"双"的意思。

双贺鞋：民间媳妇赠送给公婆之鞋。

过岁鞋：民间长辈赠送给周岁孩子之鞋。

朝靴：帝王正式场合所穿之靴。

装水鞋：民间老人过世时穿的鞋。

足安斋唐鞋：民国时期广州市的一家老鞋铺，专营伯父鞋，即老年人穿的样子很怪的老头鞋。

恰绕："恰绕"是土族女式鞋的总称。

银靴：辽代王公贵族公主们的陪葬品。

麻公爸麻公妈：彝族的一种风俗鞋履。麻公爸是黑色搭攀布鞋配长统布袜，麻公妈是高帮绣花布鞋。

羌鞋：土族旧时男式鞋的总称。

云云鞋：羌族姑娘表达爱情的绣花鞋。

马亥：马亥是布制的一种靴鞋，其特点是鞋尖向上翘、靴腰绣制各种云纹图案。

姑姑鞋：撒拉族妇女清末民初所穿的一种绣花翘尖鞋。

者勾：水族妇女着盛装时穿的翘尖鞋。

者毕：水族草鞋。

者撵：水族草鞋。

第二节　考古中的鞋履启示

■ 裸女残像的发现

20世纪初，在辽宁凌源牛河梁红山文化遗址中，出土了一座裸形少女的陶塑像。据科学测定，为公元前3500年的遗物。这是一座残像，高不到10厘米。其像无头，又缺失右足，但在左足上却赫然穿着平底的短统靴，其特征十分明显。令人惊奇的是这双圆头靴竟和现代人穿的胶鞋几乎一模一样。据考证，这可能是当时先民祭祖的偶像。看着那双外形清晰的圆头的统靴，不能不引起我们的思考：在5000多年前的新石器时代，人们已经不是赤足或者裹着一块皮走路，而是穿上有形的、完整的类似皮制的靴鞋了。这鞋的形状，决不是当时的制陶工匠们自己另行构思创作出来的，而是根据当时人们生

▲ 红山文化遗址中的陶塑像

活中所穿的靴鞋真实样子塑造而成的。如果这一判断成立，那么在我国5000多年前的原始居民，已经会制造靴鞋了。这是一次惊人的发现，虽然不见真鞋，但它为研究我国靴鞋制造史提供了珍贵材料。

■ 彩陶人形壶的发现

无独有偶，我国在甘肃玉门市火烧沟四坝文化遗址中，又出土了一座彩陶人形壶。它的上身为一裸形少女，双臂下垂为壶耳，下穿一双大靴，其靴头上翘，深且锐，平底形制。据科学测定，这是公元前2000年的遗物。壶为祭祀器，用裸女可能是当时的一种宗教民俗，但她足下这双平底大靴，不仅鞋形清晰，而且是长筒高靴，与上述红山裸女残像相似。这也是当时人们穿着靴鞋的真实写照，虽然时间稍迟于红山文化，但也有4000年的历史了。

■ 考古出土的种种皮靴

1985年，在新疆扎洪鲁克村附近的五座墓葬内，共发现了婴儿和男女干尸五具，其中两具男尸，身穿咖啡色（泛红）长外套，下身穿同色同质长裤，足穿长筒软皮靴（牛皮），内穿与靴等长的彩色毡袜。左脚的靴前端缺损，靿部完整，右脚的靴无存。另有女尸两具，足着皮靴，下部已不存，左脚到膝部包裹本色绒毛（内）和红色绒毛，右脚则为浅色绒毛（内）、黄色（中层）和天蓝色绒毛，应为毡袜的代用品。

1989 年，又在扎洪鲁克村古墓葬区进行了抢救性清理发掘，在墓室中发现一老年妇女干尸，她上身着较为粗糙的紫色羊毛袷袢，下身裸覆盖赭色粗羊毛毯，有白色羊毛缝缀线。脚穿鹿皮翻毛高勒靴，露出裹脚的白色粗毛毯，靴勒高约 28 厘米，底长约 23 厘米。

在吐鲁番盆地北缘的火焰山北麓和沟内，有一处鄯善苏贝希古墓地。1980—1992 年，我国先后多次在这里进行考古调查，经过发掘，取得了一些重要的考古资料。保存下的古尸均穿着按时令区分的服饰，大多着毛皮大衣，其中有两具干尸，着单革装，上衣无束腰，袒胸，下着连腿高勒皮靴，不穿毛裤。这种长勒皮毡靴，穿在男尸左脚上，靴勒高至腿根部，以皮绳拴系在勒带上，防止皮靴脱落。女性则穿短勒皮靴，或穿短勒翻毛野羊皮靴。

在新疆塔克拉玛干沙漠腹地的尼雅遗址，1993—1995 年的考古中，在沙丘中发现男性干尸一具，戴尖顶绢帽，覆丝绸面衣，脚着短勒毡靴；后在一号墓发现男性干尸，上身外罩长袍，下身穿白布裤，着锦袜，绣花面皮底短勒靴；又在三号墓发现男女干尸除覆锦质面衣，着右衽锦袍、绢绮上衣、锦裤，穿锦袜外，脚着锦鞋或钩花鞋，手戴棉质手套；四号墓一具女尸，脚着绢袜，外套皮底花卉纹晕繝缂花靴，色彩鲜丽；八号墓发现一女尸身穿绢质长袍，腰扎宽带，长裤，着钩花皮鞋。另外，在一处还发现毛质毡靴一双（部分使用了毛绣）等。

同时，在哈密艾斯克霞尔墓地，曾出土 12 双皮靴，有实用和明器两种。其短靿或高靿靴，面、底都分别制作，采用皮线缝合。靿直筒形，靴头圆形，底椭圆形。如羊皮高靿，由四块羊皮拼合缝制，脚脖及靴底前后掌缝有补丁。靿口饰有两排装饰孔。高 36.2 厘米，底长 22.6 厘米。牛皮底短靿，靴面、靿底分别裁剪缝合，靿为一块羊皮，底为一块牛皮，再由前后两块牛皮拼缝。靿下系有一条羊皮带，两侧系结，靿高 30 厘米，底长 29.9 厘米。又如作为明器的高靿皮鞋上多缝缀铜扣饰和铜片饰。靿、面、底三块也用羊皮拼合，以皮线缝合。靿开口在靴身前，缘边对称穿孔，孔内穿皮系带，靴头、靿前两侧缝缀铜饰，靿高 8.8 厘米，底长 6.8 厘米。

上述靴鞋考古实物，均出土于西域地区，基本上为史前时期。可以看出当时以动物皮毛作为制作靴鞋的主要原料，且皮革的鞣制技术不高，染色技术也很朴素。皮质品的大量存在，清晰地显示出史前时期先民们以畜牧为主要生产方式，以及以皮为靴鞋的生活方式。

■ 世界第一靴——新疆楼兰女靴

20 世纪初，有外国学者在特别干燥的新疆罗布淖尔大地发现形貌保存完好的古尸，有女尸被人们称为楼兰美女，据他描述，死者"……足穿红色鹿皮靴"（引自黄文弼《罗布淖尔考古记》）。这是我国公布较早的一段出现古代居民已经穿靴的真实记载。

后来，在新疆又陆续发现新石器时代居民穿靴的考古纪实多处。如 1997 年冬，在孔雀河下游一片青铜墓地（俗称"古墓沟"），据

14C 测年，绝对年代在距今 3800 年前后。其中一具年轻女性干尸，"发直而面色黄，头戴毡帽，裸体而外裹毛毡，足著皮毛鞋"。

1980 年 4 月，新疆考古所楼兰考古队为配合《丝绸之路》电视片的拍摄，在孔雀河最后进入罗布淖尔湖（当地人称此湖为铁板河）一处严重风蚀的高台地上，发现一座墓葬。其中有一具保存十分完好的中年女性干尸，女尸"取自然的仰卧姿势，情绪安详，其清秀脸面，尖高鼻梁，眼睛深凹，长长睫毛，其体毛、指甲、皮纹均清晰可见。淡褐色的直发，散披于肩。皮肤呈古铜色"。在日本学术界习惯称此为"楼兰美女"。此女尸全身用粗糙的毛布包覆，毛布上盖羊皮，头戴毡帽，足着底部多次补缀的毛皮女靴。该尸经 14C 测定，其确切年代为 3880±95 年，这证明我国在 4000 年前的原始居民，确实已经会制作和穿着靴鞋了。

本次发现的楼兰女靴长 25 厘米，靴高约 16 厘米，底宽 10 厘米，靴面高 9 厘米，靴头宽 9.8 厘米。靴的结构有别于现代帮底分件的构成，由靴前、后帮和鞋跟三个部分组成，靴前帮用整块皮毛按脚掌（弓）部形状折合，缝合靴头，靴的内侧与靴靿（后部）在腰窝部位缝合。然后绱缝鞋跟。皮靴用棕色毛皮单层缝制，靴底及经常磨损部位已成光皮（现藏新疆考古研究所）。由此可以推断出，早在 4000 多年以前，人们就已能用不同兽皮，分别制作前帮、后帮和鞋跟，并将这些部分缝制在一起，功能上实现了现代鞋的"帮底分件"，这是世界上迄今为止年代最为久远、保存最为完善的靴子，因此人们称它为"世界第一靴"。后来，学者们又在新疆罗布泊湖出土了新石器时期遗留下来的猞猁皮短靴和牛皮短靴。毋容置疑，我国是世界上最早制作皮靴的国家之一。这些古靴鞋的出土，为上一节叙述的考古彩陶像着靴找到了真凭实据，也破解了我国新石器时期鞋文化之谜。

新中国成立后，在新疆哈密五堡古墓出土了一具男性干尸，他脚穿一双羊毛皮的高筒靴，筒高达到18厘米，底长为26厘米，内有毛毡，防寒保暖。靴帮和底用牛皮，靴统用羊皮，其中一只靴底使用三层牛皮，靴帮、靴面使用两块牛皮，在靴面正中，又缝接一小块羊皮。据科学测定，为3200年前男用皮靴，此靴反映了当时的鞣革、脱脂工艺和制毡技术已经有了很大的提高。

第三节　鞋履的历史走向

■ 魏晋南北朝时期鞋履的发展

魏晋南北朝是隋唐之前人口大流动，民族大交流时期。汉族与少数民族文化交融糅合，中原与江南民俗文化互为渗透。衣冠鞋履重新整合渐趋融合。《抱朴子·饥惑篇》记载："丧乱以来，事物屡变，冠履衣服……所饰无常，朝夕仿效。"北齐颜之推在《颜氏家训》的"涉务"篇中说："皆褒衣博带，大冠高履；在"勉学"篇中说："梁朝全盛之时无不熏衣剃面……跟高齿屐。"我们从河北磁县东陈村出土的东魏尧赵氏墓"提靴丫鬟"陶俑，可看到当时北方民族最常用的革靴高履的基本形制。高履是以兽皮为面料的有筒革鞋，男女通用。当时不作正式礼鞋使用，穿靴不得入殿，否则为失礼。

其实南方最盛行的还有木屐和丝履，木屐即用木头为鞋底制成的各类鞋，《释名·释衣服》称屐为木底下装前后两个齿的鞋，便于在雨水、泥地中行走。上至天子，下至文人都爱穿木屐。甚至孙吴大将朱然在死后还要将木屐随葬，可见其喜爱程度。屐齿的高度一般在6~8厘米之间，依双齿安装的方式可分连齿屐与装齿屐等。南朝大诗人谢灵运发明的活齿屐更有特色，他的木屐下两个活木齿可随意拆装，这种木屐上山时拆除前齿，留后齿；下山则拆除后齿，只用前齿。这样无论是上山或下山，均如履平地，故后人称"谢公屐"为"登山屐"。唐朝大诗人李白曾欣然留诗："脚著谢公屐，身登青云梯。"陆游在《开元墓归》诗中也有"日暖登山思谢屐，病余灌酒负陶巾"的颂扬之句。可见在1400年以前，我国已经有了高跟式的鞋类。

　　丝履的造型也很多样，特别是履头吻突部分的装饰五彩十色，民间常用的丝履为五朵履、分梢履等样式。当时在市井上呈现"头上金叉十二行，足下丝履五文（纹）章"的风景线。此外南北朝时期的手编鞋（史称织成履）也很时尚，除了用草茎编织的简易鞋外，还有精致的新疆吐鲁番阿斯塔那东晋墓出土的丝锦编织履，这双织成履是用彩丝编织的女鞋，很难想象这是1500年以前古人用手工编织的鞋。发掘此鞋时，原本是穿在死者双足上。鞋以丝和麻作原料，其工艺是编织好衬里，再编织鞋面；先编鞋底后编鞋帮。鞋面由八种色彩的丝线织

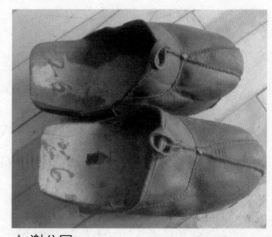

▲ 谢公屐

成，在鞋帮两侧织出对称的"富且昌、宜侯王、天命延长"三行吉祥文字，在空隙处织出忍冬蔓草纹，其设计构思之精巧，用丝配色之绚丽，制作工艺之别致，体现了南北朝时期的高度制鞋技能与鞋饰审美情趣。

■ 隋唐五代时期鞋履的发展

中国的封建制度从春秋战国起至隋唐已发展千年之久，经魏晋南北朝最终一统造就的大唐帝国不仅是当时世界上最强大的国家，也是我国封建历史上的鼎盛时期。大唐鞋履传承了魏晋南北朝各族鞋俗，又兼容国内外鞋履时尚文化，开创了鞋饰发展的辉煌期。鞋履异彩纷呈，足饰万紫千红。

历经魏晋南北朝的社会变革、民族交融，隋唐五代的鞋履文化表现出多元化、多轨制、多源性的繁荣景象。

自隋代起，北方民族的靴子亦成为隋唐男子青睐的鞋饰。在初唐之后靴子不仅被钦定为宫廷官鞋，还可以着靴入殿。当时制靴以黑色皮革为主，一只靴子用六块皮子缝合而成，时称"六合靴"，寓意东、西、南、北、天、地六合之意。前唐多穿高靿靴，西安等驾坡唐开元二十八年（740年）杨思勖墓着高履长靴石俑，特别是军旅武士全着长靴，到了后唐五代时尚短靿靴。女靴常用彩皮或织锦制成尖头短靴，靴上镶嵌珠宝。

唐代妇女最典型的时尚鞋是继魏晋南北朝发展演变而出现的高头

履，其特征是履头高翘。按履头形式可分云头履，新疆阿斯塔那唐墓出土重台履，吐鲁番阿斯塔那张礼臣墓出土

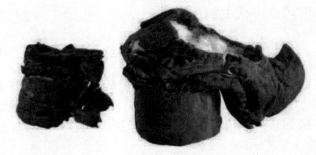

▲ 高头履

唐代绢画、雀头履等。究其高头履流行因素，主要是源于封建鼎盛时期的审美情趣。从中国鞋史来看，凡国泰民安之日便是鞋饰繁荣之时。上指青天的高头履也随着封建社会的发展而提升；从魏晋开始了鞋头的高翘，到唐代鞋头登峰造极，当时贵夫人的高耸履头装饰精美，履头最高可达 30 厘米。比如唐文皇后的履全是用红色的飞禽羽毛制成，上面缀有两颗珍珠，前后贴上金箔剪成的云形纹饰，履头高三寸多。唐代之后随着鼎盛时期的没落，鞋头高度也逐渐趋缓。另外高头履在服饰配套方面有其特殊意义，当时妇女常穿拖地长裙，为了便于行走便将长裙前摆置于鞋面上，翘起的鞋头可防止裙摆从鞋头上滑落绊脚。翘起部分还可进行装饰，如云头履的前端大多以鲜艳的花鸟纹锦包缦，款式别致，突出了修饰效果。

民间妇女崇尚手工编制鞋履，喜爱穿蒲草编织的履。新疆吐鲁番唐墓出土，典型款式如新疆吐鲁番阿斯塔那唐墓出土的浅帮平底、履头饰有突起的蒲草鞋。值得一提的是吴越地区编织的时髦鞋——尖头蒲草履，精细的如同绫罗缝制，被世人赞赏及仿效，尖头履也成为当

时风靡一代的时尚鞋。

隋唐五代还是我国千年缠足史的源头，唐朝虽然不是缠足盛行时期，但在民间却流传着关于文成公主穿着尖头小履的传说。唐朝唐太宗为了和睦汉藏民族，将文成公主嫁给当时吐蕃的赞普（首领）松赞干布。当文成公主进藏成亲后，西藏人民为了纪念这位友好使者，便按照文成公主进藏穿的鞋样制成了灯具，此种灯具民间称"公主履"。这些传说也旁证了尖脚小鞋已是唐朝宫廷中的一种时尚鞋履。

纵观鞋业发展史，隋唐开创了鞋业初级阶段。制鞋从家庭自给自足走向商品化市场。为了使商品鞋便于流通，唐代已在鞋履业中开始应用表示脚大小的"鞋号"。据记载薛昭纬在没有登第前，自己到鞋店买鞋，店主见有顾客购鞋便很自然地询问薛昭纬，"秀士脚第几"（先生穿多大号的鞋啊）。当时商品鞋的价格可参据另一记载；唐宪宗元和十三年（818年），内库的靴子一双约二千钱。唐代之前足衣名称混杂，为了统一名称，正式用"鞋"泛指足衣。至今唐代的"鞋"字一直沿用到今天。从以上个例可以推断出：封建社会鼎盛时期已经初步形成了中国的鞋履产业。

■ 宋元时期鞋履的发展

宋代是承先启后、继往开来的历史时期。汉人掌权的宋朝不断受到北方民族的挑战，特别是在辽、金、元时期少数民族入主中原，不仅造成了南、北两宋的态势，并且直接动摇了宋代封闭式的社会结构。契丹、女真、蒙古等北方民族的生活习俗大量涌入与汇合，造成禁锢意识和超稳秩序的松懈，促使衣饰时尚的大范围交流和穿戴习俗的互为借鉴。在这个开放的社会环境中，鞋履文化既"参酌汉唐"传承了先民的鞋俗，又呈现了"蕃汉杂处"争相出新的勃勃生机。

在民族习俗大交融的特定时期，鞋履品类繁多，日趋翻新。在款式上分两大类，即一种是有靿（鞋统）的鞋（现在一般俗称为靴），另一种是不带靿的鞋。从造型上区分，有方履、弓鞋、系鞋、金缕鞋、宫鞋、云头履、小头鞋、平头鞋、凫鞋、金莲、错到底、长靿鞋（靴）、短靿鞋（靴）等。从制作材料上分有皮革鞋、棉布鞋、草茎鞋、丝绸鞋、棕皮鞋、藤编鞋，以及蒲鞋、木鞋、麻鞋、芒鞋、珠鞋，等等。从鞋履功能和使用环境上分有凉鞋、暖鞋、雨鞋、睡鞋、拖鞋、钉鞋等。

宋代官员与富家子弟大都穿布鞋与革鞋，其鞋式有云头履和凫舄。云头履和凫舄都是一种履头高而翘的鞋子，如浙江衢州南宋史绳祖夫妇墓出土的银制陪葬品，以及浙江兰溪密山南麓宋潘慈明夫妇墓出土的南宋妇女常穿的翘头鞋。在当时的宫廷中皇帝贵族多穿丝鞋，甚至在朝会时常穿精绫丝鞋。在内务机构中设有专门制作、管理丝鞋的"丝鞋局"。遇到大型庆典时节，皇帝常常向百官赏赐丝鞋以示龙恩。江西德安南宋周氏墓出土的女丝鞋便是当时流行的式样。宋代平民百姓时尚穿着双齿木屐，因其价格低廉又耐磨防滑，很受庶民青睐。宋人所画的《归去来辞》图中的男子，穿的就是典型的宋代木屐，贫苦劳动大众平时多穿蒲鞋、草鞋和帛鞋，如湖北江陵宋墓出土的小头帛鞋。

我国作为农耕为主的经济结掏，自古以来，鞋履消费均是家庭内部制作、自给自足的消费方式。到了宋代以后，北方游牧民族入迁中原打破了小农经济自给自足的封闭形式，营造了手工业和商业的新型经济秩序。正如宋耐安辑《靖康稗史》所载"百工诸色各自谋生""能执工艺自食力者颇足自存"。这些手工业者为鞋履的产业启蒙作出了贡献。在中国鞋履史上从宋代开始民间出现鞋履的专卖店，鞋履作为日常生活必需品启动了专营的商业流通渠道。

由于辽、金、元是北方少数民族建立的政权，胡汉交融的鞋靴风靡一时。如辽代的传世品——高47.5厘米，宽30.8厘米的缂丝双凤卷草纹皇靴，华夏民族喜闻乐见的"双凤朝阳"被巧妙地应用在北方民族的靴面上，现存美国俄亥俄州克利夫兰美术博物馆。在内蒙古哲里木盟辽代陈国公主墓出土的鎏金卷草纹银靴，银靴由靴靿、靴面、靴底三部分组成。靴靿呈梯形，靴口前高后低口呈椭圆形。不仅把汉族朝廷丝礼鞋上的装饰，嫁接到外来的革靴上，并在革靴上增加了中原民族鞋饰中最原始的纯、句、意等诸礼饰。一般靴子由皮革和毛毡制作，且花式繁多，计有朝靴、花靴、旱靴、钉靴等。河北宣化下八里辽代墓壁画人物的鞋履，反映出当时社会普遍流行的鞋靴式样，元代除了入主中原的蒙古族与汉人的鞋俗互相影响外，其他民族如朝鲜高丽族的习俗也融进时尚之中。如《元典章》（礼部二·服色·娼妓服色）中记载了"宫衣新尚高丽样"的高丽服饰风尚。此风并刮向江南，陶宗仪在《辍耕录》中描述了时人"紫藤帽子高丽靴"的情景。

宋朝是一个理学占统治地位的封建王朝，热衷孔孟之道，推崇伦理纲常。衣、饰、冠、履都显得保守、拘谨。唐朝五代沿袭而来的缠足习俗与宋代的礼学思想不谋而合，促使缠足之风愈演愈烈。把唐朝崇尚的"小头鞋履"推到了三寸为美的程度，成为中国鞋史中举世瞩目的页章。宋代风行的缠足时尚到底起源于哪个朝代的风俗？从史料中考查、印证来看说法不一：如宋代和元朝的学者大都认为缠足现象始于唐五代之间，而明代学者却认为这种风俗的源头应比唐要早一些。虽然缠足鞋起源年代至今仍争论不定，但一致认为缠足鞋最盛行的历史时期是宋代。宋代女孩一般在三岁至五岁开始缠足，缠脚布多用粗棉线布，以防松脱。缠足鞋必须根据缠足后的畸形脚定型定制。初缠者的鞋是有带子的布底软帮软底鞋，逐步过渡用硬木鞋底。由于我国各地的缠法和习惯的不同，缠出的脚型差别很大，所以制作的缠足鞋也是五花八门，演变出不同形制，在大江南北计有二三十种弓鞋样。宫中与民间对缠足小鞋的样式、刺绣、制作都有一定的程序。宋代缠足小脚鞋的称谓俗定为：三寸长的缠足鞋称"金莲"；超过三寸长、小于四寸的缠足鞋则叫"银莲"；长度超过四寸的只能叫"铜莲"了。宋代的风流倜傥者对"三寸金莲"情有独钟，经常用小脚鞋作"金莲酒杯"

喝酒，这也是中国文人骚客的一大"创举"，且在大江南北同风通俗。有记载，用鞋喝酒呈现三个步骤：

最初人们在喝酒时，把铜钱往小脚鞋里掷，以掷入鞋中铜钱的多少评定输赢罚酒。

后来演化成把酒杯直接放在陪酒仕女的金莲鞋里，手把持小鞋喝酒。

最后用各种材料制成小鞋形状的酒杯，用"金莲杯"喝酒，以示风流。

辽、金、元虽然是以北方少数民族为主的朝代，但在与汉人的交流与学习中十分看重"缠足文化"，特别是统治阶层以模仿汉族的衣饰冠履为荣。当时的命妇贵人纷纷效仿汉人的缠足习俗，脚穿三寸金莲为尚，如黑龙江阿城县巨源乡金代齐国王墓出土的缠足女鞋，和江苏无锡元代墓出土的小脚弓鞋。

■ 明清时期鞋履的发展

明清是我国两千多年封建社会的最后两代封建王朝，这个时期的鞋履文化进入成熟阶段。以中原汉人执政的明朝敛聚千年华夏鞋饰之传承，代表了华夏鞋履的最高水平。北方满族人入主中原的清朝又带来了马背文化，民族的融和、民俗的互动，使大中华鞋饰文化更具活力与张力。

明朝推翻元朝后，汉族再度建立了政权。朱元璋高举"驱逐胡虏，恢复中华"大旗，竭力提倡汉、唐、宋时期的衣饰、鞋履文化。明代用了三百年的时间集中华传统鞋饰之精华，奠定了中华鞋饰文化的基石。时至今日，我国各种地方戏剧皆以明代鞋饰来代表戏剧舞台上的中华传统鞋履。

明代更是将靴子定位朝廷"公服"。在明朝初建时期的二十多年间，从官吏到平民皆可穿靴。但到明洪武二十五年（1392年）朝廷为了维护封建等级制度，把中华鞋履文化提升到治国安邦的地位，相继颁令严禁商贾、技艺等庶民百姓穿靴，只允许儒士、生员及官员穿靴。着靴成了明代官阶和权力的象征。

百官平时上朝时穿的靴称呼"朝礼靴"。皇宫规定官靴的筒靿，都必须染成黑色即成"皂靴"（同时规定平民百姓不准把鞋子染黑），而靴子的底无论是皮革、布帛还是木头，都要刷上白粉，史书称这种官靴为"粉底皂靴"。正如江苏扬州出土的明代高筒毡靴，由于北方地区寒冷，朝廷又放宽戒令，允许百姓冬季可以穿靴，但只能穿用生牛皮制作简易的直缝靴。此种靴用两块牛皮缝成靴筒，前后有直缝，俗称"直缝靴"，但是社会下层的男子连生牛皮直缝靴都不能穿，只能穿用带毛的猪皮靴。

在雨雪天出行时明代百官多穿带钉的雨靴，由于此类鞋是用桐油敷于布帛鞋面上而获得防水拒湿的功效，故又称此种雨靴为"油靴"，在明代初期曾允许百官在雨雪天着带钉的"油靴"上朝入殿，但因上百双钉鞋入、退朝时"声彻殿陛"，明太祖不得不下令雨天上朝时必备一双软底革鞋套在油靴外方可入朝。

民间在雨雪天多穿木屐，因木屐可溅水履泥，故俗称之"泥屐"。由于南方天气炎热以及木屐价廉耐用，故平民百姓不仅下雨溅泥，日常也大量使用。这种式样在明代王圻的《三才国会》中有画样描述，江南百姓除穿用木屐外，经常穿用的还有草鞋和蒲鞋。

明朝时期，由于汉人缠足风气的恢复，"三寸金莲"的鞋俗又成了妇女鞋饰的主流，其款型随着社会的审美情趣向装饰化发展。如江苏扬州明代墓出土弓鞋的翘尖装饰，三寸金莲鞋底的式样向时尚化发展。当时厚底与高底的三寸金莲也成时髦一族。高底的鞋饰主要有两种形式：一种是前后底一样高的厚底鞋，如江西南城明益宣王朱翊引妃孙氏墓出土高底弓鞋，另一种是专门在后跟部位加高的高跟三寸金莲，如北京定陵出土的明代尖足高底鞋，长 12 厘米，后跟高 4.5 厘米，明代"三寸金莲"高跟鞋的后跟部分一般有两种制作方式：一是制作"外高跟"，即用香樟木削成高跟鞋底，外面包裹布帛后绱鞋底；另一制作方式是把香樟木削成的木厚跟直接放在鞋里，在外形上看不到

▲ 三寸金莲

鞋跟，俗称"里高跟"。

清政权推翻了汉人执政的明朝，同时将满族的衣冠鞋履仪规融入了汉族两千年来的冠履服制中。清代三百年的鞋履史就是一部南北呼应、满汉合璧的鞋饰文化史。

满清社会沿袭了男主狩猎、女主采集的生产遗俗，男鞋仍以马背民族的靴鞋为尚，清朝将唐宋元明各朝代延续下来的皮靴革靴，改造成用织物制作靴筒。用缎、绒、布等纺织品替代了历史上传统的革筒。清代徐珂在《清稗类钞》中介绍："靴之材，春夏秋皆以缎为主，冬则以建绒，有三年之丧者则以布。"可见此为清朝康熙皇帝穿的钩藤缉米珠织物朝靴。按清初规制，靴子只能文武官员穿着，一般平民百姓不得穿靴。

嘉庆年间参照历代官服色制，则规定军机大臣必须穿着绿色牙子缝的缎靴，传世品，此靴为薄底长筒快靴，又名"爬山虎"。靴头按仪规制成尖头和平头两种，平时穿尖头靴，上朝拜会时则穿用方头靴，以便跪拜。到宣统年间，放宽了鞋靴的等级规定；绅士、官商及各界人士从十月到正月天寒地冻时也可随意穿靴。

满族妇女受女真人荒野采集为生的世俗影响，在削木为履的基础上，发明创造了适应采集活动的木高底鞋。高底鞋俗称"旗鞋"，其特点是在鞋底中间脚心部分置放一块 10 厘米左右高的木底，上山采集劳作时既可提防树根、灌丛、山石伤害绣花鞋面，又能在杂草乱石中安全行走。热爱生活的满族妇女喜爱在裤脚边及鞋帮绣上鲜艳亮丽的图纹，绣饰不仅美化了鞋履，还能在荒野采集时应用"迷彩"效果躲避毒虫蛇蝎。民间按照木高底的不同形状来区分鞋款：若木高底下小上大似花盆则称花盆鞋，若鞋底木块下大上小似马蹄，则称马蹄鞋，当汉族传统的千层底鞋与满族的木高底鞋相结合时，产生了前后削坡的布厚底鞋，这种满汉相辅的鞋履深受两族妇女的青睐。由于此种鞋底酷似船形，则俗称船底鞋。

唐朝高崇的幡头女鞋是中华女鞋史上一绝，而满清妇女却另辟蹊径，她们遵循先人"男龙女凤"的习俗，将高昂的凤头直接耸立在鞋面上，不仅借鉴了唐朝女鞋的威姿，还标榜了女性的凤仪，简化了唐朝鞋头上翘的高幡女鞋工艺。大多满清贵妇人都喜欢穿凤头鞋，权势显赫的慈禧太后穿的凤头鞋不仅把鞋底做得比别人高出数寸，还要在凤嘴里衔上宝珠彩穗以示高人一等。慈禧太后还十分偏爱在她的鞋履帮面上施以珍珠饰品，彰显其足下之珠光宝气。她的一双珠履，鞋帮周圈全是用大号珍珠镶嵌，仅这一双鞋当时就耗银七十万两。

清朝为不缠足的满族人立国，所以满族入关后，不接纳汉人近千年的缠足习俗。在顺治元年就钦定"有以缠足女子入宫者斩"，

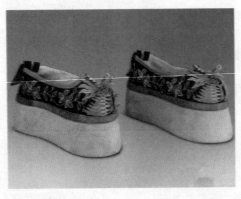

▲ 凤头鞋

康熙三年又下谕旨"自康熙元年后所生之女概禁缠足"，但是由于汉族的缠足习以成俗，满清屡禁民间屡缠。经过120年的磨合后，缠足之风到了乾隆年间却有增无减；不仅汉族女子照缠不误，满族八旗女子也尝试缠裹小脚。据传乾隆皇帝本人也偏爱缠足女，曾将四个脚缠得十分纤小的姑娘藏在圆明园供他享乐。清代旗人女子为慕求缠足之美，便在汉人缠足的基础上创造了满汉杂糅的"刀条儿"脚的折中方式。"刀条儿"脚的缠足特征是只缠瘦，不缠弓。用缠脚布把双足缠裹得尽量瘦窄细长，五个足趾靠拢聚敛，使其头部略具尖形。因其鞋型犹如瘦长的"刀条儿"，故俗称刀条儿鞋。

知识链接

鞋店实物幌与形象幌

幌子又叫"望子"，是我国古时店铺用来招引顾客的布招，用布缀于竿头，悬在店门口，作为商业经营的标志。鞋店幌子丰富多彩。

实物幌，此种幌子颇多。有一种专门雇人纳布鞋底子出售的店铺，商贩将纳得密密匝匝、平整光洁的鞋底子数个，用红绳串在一起，下缀幌绸，悬

在作坊门前。在东北，还有一种独特的牛皮鞋，内衬靰鞡草，即称"靰鞡鞋"。其店铺招幌是将几双小靰鞡绑在一起悬挂，绑的绳子经过精心挑选，细软而色白，像靰鞡草，幌下缀红色幌绸。又如专门制售木头底儿的铺子，则别出心裁地悬挂出一串木头鞋底实物，下缀幌绸作为幌子；又如布鞋底铺悬挂一串布鞋底模型，鞋面布店铺则挂一幅红布鞋面作幌子。

在《北京风俗百图》中有许多反映实物幌子的例子。如：卖小鞋者，小商贩们会做数双大小幼童之鞋，在花市或土地庙设一地摊而卖，买者取其方便价廉而已。又：卖鞋垫毡垫，每到冬季，多有四乡人来京做此生意，小商贩们一手举竹竿上挂的鞋垫、毡垫、耳兜帽等货样，肩上挂一褡裢，内储货物，沿街吆呼："鞋垫！""毡垫！""耳兜帽！"

形象幌用所售商品实物陈置或悬挂出来作为招徕标识，所以亦称"模型幌"，属于实物幌的一种。旧时，北京的南福祥鞋铺，门口放一只特大的高统靴鞋模型作幌子，有些还在鞋上着"大靴为记"等字样。又如清代北京颐和园苏州街登方斋鞋铺在门口挂一画着一只黑面白底官靴，靴下布满祥云的木板，下挂一条布巾。

在今天，北京王府井大街同升和鞋店门口亦摆着一双浇铸大皮鞋，它吸引了无数游客止步并拍照留念。

中国古代鞋帽

第二章
鞋履中的民间礼俗

　　鞋履的民间礼俗是中华文化中重要的一个分支，其内容丰富、多姿多彩，体现在社会生活中的各个方面，如礼仪、制度、节日、信仰等。作为中华文化重要的组成部分，鞋履民俗文化代代相承，且与时俱进，我们有必要学习、传承和弘扬老祖宗留给我们的宝贵财富。

第一节　鞋履的教化作用与制度民俗

■ 鞋履的精神教化作用

我国早在商周时期就确立了鞋的精神教化作用，自命为天子的帝王冕服为脚踏朝天鞋，鞋头挽青布十二条，缠扎出朝天鞋翘。象征每岁十二个月"取法乎天"。上翘朝天的鞋头和接地气的鞋底，以提醒穿着者"仰观象于天，俯观法于地"，上朝时行为要谨慎，不能左顾右盼。朝廷命官的鞋履更为严肃，一是在鞋头正中部位缀缝鞋"句"，旨在约束穿鞋者的行为。鞋"句"随时告诫穿鞋者：每迈一步，鞋"句"都要端正朝前，步步行动要规范，防止走邪和偏歪。二是在鞋底和鞋帮的连接处加一道用丝带制成的鞋"意"。鞋"意"的颜色用来识别穿鞋者的官位级别。功能在于时刻警示穿鞋者，其行为必须符合自己官阶地位。朝中官员只能循规蹈矩，不允许越俎代庖，以免乱了君臣有别的封建制度。《周礼·天官》所载："屦人掌王及后之服屦，为赤舄、黑舄、赤绝、黄意。"清朝嘉庆年间规定只有军机大臣才能穿绿色鞋"意"的官靴。

▲ 刻在门上的《福履》

清代文人沈德潜的《古诗源》全面评估了唐前的文学作品及其社会价值。它所选录的作品记录了社会风尚的流变，是后人认知时代正能量的形象史料。《古诗源》从古典经籍中摘出了"行必履正"的警句，把先人用鞋"句"和鞋"意"的精神教化机制，升华为"行必履正，无怀侥幸"的伦理道德标准。警示官员大人"做官先做人"，要遵照老祖宗对鞋履的伦理导向，时刻警告规范自己。在人的一生中，穿鞋上路必须"行得正，站得直"。靠投机取巧，行贿奉承往上爬是违背伦理道德的。"行必履正"的忠告，成为封建皇宫朝廷中官吏修身治国、精神教化的典范。

清乾隆七年，北京设立"先蚕坛"（与先农坛呼应），这是后妃们每年祭祀先蚕的神殿，主妃着鞠衣（即黄桑服色如鞠尘似桑叶始生）作为告桑之服，脚上必须穿屦（葛制单底鞋），屦的黄色与鞠衣颜色相同。王后用此祭礼来教民养蚕、纺织、制衣等女红。在亲蚕殿内悬挂乾隆皇帝御书对联："视履六宫基化本，授衣万国佐皇猷"。表达了"宫内鞋道规范视为基本，百姓有衣穿才助王安邦"的意蕴。对联包含了两层意思：一是要以鞋履精神教化的"上层建筑"来督查与辅佐"男耕女织，丰衣足食"的经济基础；二是基本道德规范的执行必须有一定的物质条件，即仓廪实知礼仪，衣食足而知荣辱。

历朝皇室对鞋的尊礼和威严，促使官员们把鞋之福相《福履》刻在官邸门楼之上，一方面标榜本官的"福与禄"来自正道，强调"严内外，辨尊卑"的作用。古代政治思想家提出的鞋履教化作用被统治阶级利用并强制推行，在获得民众的广泛接受与认可的同时，鞋文化也逐渐成为主流文化。

■ 鞋履中的制度民俗

《释名·释衣服》曰："履，礼也，饰足所以为礼也。"意思是说，履原指用来御寒和护足的实际功用。进入文明社会，履逐渐成为一项关系形象、礼仪的社交标志，最后形成一种礼教文化范畴和等级服饰不可缺少的部分。

▲ 士兵所穿方口履

商朝时期，只有贵族可以穿华丽的革履和绸鞋，而无权无势的平民只能赤脚，至多只能穿袜、布鞋和革履。

在周代，宫内已有专门掌管鞋履的官吏履人，对王、后以及内外命妇穿鞋着履，进行严格管理，也就是在不同场合，各按尊卑等级，穿着应该穿着的鞋履，不允许有丝毫混淆。

在秦代，以军鞋穿着最为严明：靴只有将军和骑士能穿，一般士兵及下手不准穿靴，都一律着方口履。

汉初，赤舄原先限定仅为天子、王后及诸侯所穿，到汉明帝时才有所改革，批准三公、诸侯、九卿以下可穿赤舄、绚履。另外，汉高祖还曾下令，贾人不得服锦绣罗绮等，这中间当然也包括鞋饰，如有犯者，则杀头弃市。同时规定：祭服穿舄，朝服穿履，燕服穿屦，出门行路则穿屐。

晋代，除官民着鞋有规定外，甚至对鞋履的色彩，也有着严格的等级限制。《太平御览》六九七引晋令：士卒百工履色无过绿、青、白；奴婢侍从履色无过红、青。占绘卖者都要着巾贴额，在头巾上写明占绘卖者的姓名，并且一只脚穿黑履，一只脚穿白履。这是一种特异的装束，是表示对商贩的鄙视。明代，朱元璋下诏令中书省制定穿着衣服鞋饰的规定，其中有"靴不得裁制花样金线装饰，违者罪之"。万历年间，还禁止一般人穿饰绮镶鞋。清代，顺治八年（1651年），曾下令谕"官民人等……线靴底牙缝不许用黄色。"后来，又规定："凡八品、九品以下杂职及兵民商等……不许穿缎靴及靴上镶绿皮、云头金线，不许镶靴袜口。"还规定妇人"如僭用珍珠缘履照律治罪"。当时，满族贵族多穿靴。皇太极天聪六年（1632年）曾规定：平常人准穿靴。后来文武官员及士庶逐渐都穿，但平民仍不允许。在这里，穿靴和不穿靴，成为一种等级标志。

第二节 鞋履中的礼仪民俗

在人的一生中，如诞生、结婚、祝寿和丧葬等礼仪中，对如何用鞋都有一定的礼仪规定，形成固定的民俗。下面分别述之：

■ 诞生礼与鞋

在山西玉台等地育儿习俗中，要为新生儿周岁时送鞋。名叫送岁鞋，孩子满月后，他们的整套衣饰必须在百日内备齐，准备周岁时送去，并且谁送什么，有了规定分工。民谚所谓的"奶奶的四片瓦（袄子），外婆的两圪叉（裤子），姑姑的鞋，姨妈的袜，妗妗的花脑瓜（虎头帽、莲花帽等）"。就是指此，在韩城则是外婆要向新生儿赠岁鞋。这些岁鞋的花样就更多了，送给孩子的鞋有各种样式。

1. 满月评鞋

苗族婚姻民俗。居住在畲公山脚下穿中裙的苗家姑娘，在未出嫁前，要进行紧张的刺绣活动。他们的刺绣有两种：一种是公开的，如她们平常穿的花衣、围腰、裹腿、花鞋等；一种是秘密的，这是为未来配婚后添小口，准备精绣的花帕、小鞋、背包面、背包等。大都背着父兄一个人在卧室里或者利用晚上在灯下制作。在出嫁后生第一个孩子时，男女两家都忙着准备满月酒。届时，女家从衣柜中取出这些"秘密绣品"连同蛋、鸡等一起送到男家。主人搬来了长方桌，垫上干净的布，然后把这些绣品一件件放到桌上，以便观赏、品评。除花帽、花背包以外，其中最多的是小鞋子，最多的有七八十双，一般有的三四十双，最少的二三十双，那小鞋上的花草虫鱼、飞禽走兽，在青、蓝、深红等各色的映衬下，加上花纹配得适中醒目，甚至栩栩如生，惹人喜爱。整个绣品针法谨严，绣工精致，花纹装饰性强，色彩丰富，具有浓厚的民族特色。

2. 做兽鞋

兽鞋是指一种带有兽形图案的小儿鞋。在中国民间，为新生儿制作并穿着兽鞋，主要是汉族的一种育儿习俗。鞋有棉、夹两种，皆手工绣品。形式新奇，千姿百态，造型夸张，憨态可掬。较常见的为虎、豹、龙、狮、牛、兔、羊、猫、狗等生命力强的兽形，取繁衍旺盛、易养易活之意。一直穿到3～4岁。新生儿一般送鞋不少于3双，多的有5双、7双，均取奇数，忌偶数。俗信穿兽鞋可以使孩子消灾趋吉，健康成长。

穿虎头鞋是旧时汉族民间育

△ 虎头鞋

儿风俗，一种祈求孩子幸福健康的活动，流行于全国各地。穿虎头鞋，起源甚古，历史悠久。民间通常于小儿做周岁时或生日时，孩子的父母为其穿上新做的虎头鞋。民间以为，小孩穿上虎头鞋，不仅可以更加活泼可爱，而且为其壮胆、辟邪，有祝愿小孩长命百岁之意。

这些惹人喜爱的兽形鞋，式样众多，各有创造。

虎头鞋，是一种为孩子求吉的绣花小布鞋。在江南江北广大地区流传的，各地风格不同。有的只做虎头鞋脸，有的把左右鞋帮做虎身，有的还在后跟加上一条小尾巴，又好看又能当鞋拔。有的做四只虎脚，平摊在鞋底两侧，加宽鞋底，保护娃娃不易摔跤。有的虎头鞋还在鞋底绣一条毒虫，在加固鞋底的同时，表现出踩死毒虫的观念，这和端午节辟邪有关。

狮子鞋也是童鞋之一。鞋首饰狮头，造型威武雄伟，含驱邪、祈福、延寿之意。鸡头鞋也是儿童鞋。靴头稍上翘，手工绣成一公鸡关，象征公鸡活泼可爱的性格。还有其他熊头鞋等。

兔儿鞋是旧时汉族民间童鞋。流行于全国许多地区。鞋的顶端稍作尖形，绣兔唇、红眼，鞋口作尖形，尖口两侧镶附兔形绣片。有的口沿后端缀一绣带，仿佛兔尾，兼作穿鞋时提拽之用。每年中秋节，1岁以上5岁以下儿童均穿此鞋。俗信穿之可使小儿腿脚利索，行走敏捷，意趣盎然。

猪嘴鞋是敞口之鞋。明西周生《醒世姻缘传》第二十六回："十八九岁的孩子，……穿了一鹅黄纱道袍，大红缎猪嘴鞋。"旧时中国农村，

中国古代鞋帽

把养猪作为副业，因此，对猪嘴鞋十分喜爱。

■ 婚姻礼与鞋

结婚，是人生礼仪中的最隆重的民俗，它关系到男女双方一生的幸福。因此不仅在服饰上有许多约定俗成规定，如头戴凤冠、身穿红衣红裙，颈披霞帔，都表示新娘的雍容华贵，也寄托着对新娘新郎一生荣华富贵的祝愿。尤其在婚鞋上更有许多讲究。婚鞋，又称"喜鞋"，一般指新娘穿的鞋。各地在穿婚鞋上还有许多不同的民俗。还有以婚鞋作为性爱传导工具的习俗。在温州中国鞋文化博物馆内收藏了一双清代粉红色的"三寸小金莲"，是进洞房时新娘上床所穿的鞋。鞋内藏有描写男女性生活的春画，由新郎和新娘同看。

1. 定情信物

在中国民间以鞋作为订婚的信物，比较流行。如有心鞋和同年鞋，是侗族和仫佬族婚姻民俗。侗家姑娘以布鞋定情，在平时接触中，目测情郎的鞋码，用布纳底，象征爱情纯洁。纳鞋底时中间留出心形空白，叫"有心"，故称"有心鞋"。

同年鞋是仫佬族民间交际风俗。姑娘赠于后生的定情信物。流行于今广西罗城仫佬族自治县东门、四把、下里等地区。通过走坡活动，男女双方定情后，女方赠男方"同年鞋"。姑娘在"走坡"中暗测情人脚的大小，按尺寸用黑布做鞋面，将十几层白布贴起来，再用长白棉线纳成鞋底，置于蒸笼里蒸十多分钟，再晾干。鞋底必须纳得横竖成行。棉线长表示日后的夫妻恩情长，针口细密表示今后生活美好甜蜜。因赠予的是年龄相仿的后生，故用此名。

2. 合鞋定婚

在京族中，男女互传木屐是定亲时一种俗信做法。男女青年相爱后，分别找媒人将一只描有花卉的彩色木屐传送给对方，媒人接到后，若两只木屐左右各别，巧合一双，便可成婚，反之，则认为八字相克，无缘相许。这是宿命论在婚姻上的反映。在广西防城地区的瑶族中，也有类似民俗，把婚姻寄托在男女各做一只木拖鞋，事后拿如左右脚能合在一起，就是婚事合适，反之则无缘。当地叫"合脚"。因此俗带有卜卦性质，新中国成立后已逐渐消亡。

偷鞋联姻更有趣，藏胞有一项婚姻民俗，叫偷鞋联姻。藏族姑娘相中一位小伙子后，便趁机把他的鞋子偷藏起来，以此表达爱慕之情。小伙子如中意姑娘，可随机求婚。如不中意，可委婉地要回鞋子。

把鞋作为聘礼，是流行于长江中下游的用鞋民俗。早在汉代，妇女出嫁必穿木屐，屐上还施以彩画，并以五彩丝带系之，以示祈吉辟邪。到了东晋时更加明确，凡娶妇之家，先下新丝麻鞵鞋一緉（即一双），取"和谐"之意以表合婚情意。后由丝麻鞋演化为"妇贽"送鞋之俗，并融入婚礼程序"庙见"之中。庙见，是我国传统婚礼中新妇到宗庙祭拜祖宗的仪式，又名"告庙""告祖"。这项仪式中，有一项内容叫"妇贽"，指的是"庙见"时，新妇初次拜见公婆并进献见面礼的习俗，俗称"见舅姑""见翁姑""见大小"。贽，礼也。即在新娘祭拜祖宗（告祖）后，新夫妻双双跪拜舅姑，再与伯父兄弗等家人依次相见，并赠送礼品。这见面礼中，鞋履必不可少。新媳妇通常要亲自为公婆各做一双鞋子，也有为夫家公婆及族戚尊长各做一双的，甚至还有惠及邻里的。遇到大家族，夫家亲友众多，工程量大，姑娘的确犯难。因为新鞋做得好坏，不仅是女人是否手灵心巧的标志，还体现加入这个大家庭的诚意。故有"姐夫好嫁鞋难做"之说。儿歌里这么唱："金小鸽。两边排，闺女崽，莫出来，要学针线学做鞋。明日公婆来催嫁，堂前打鼓看花鞋。"鞋礼虽小，寓意深远。一般婆家在过礼时，就寄语新妇家要早作准备。并告知："寄有翁姑，兄嫂、弱叔、小姑鞋式。女要依式缝就，于归日与其家自办喜蛋、喜饼、茶果同作一盒送至婿家。"当成婚日，饭毕客散，男女送亲者令人移盒中堂，请舅姑等出，将鞋遂一交明，莫要嫌言针线做得不好。

在陕西商洛一带，分新鞋也是民间一种婚姻习俗。新娘做鞋在有些地方是作新娘的陪嫁。在出嫁前，新娘要给新郎家中的每一个家庭成员做一双鞋。在成婚当日送给他们，得鞋者必须当场试穿，并且评价一番。做鞋，除显示姑娘的女红手艺外，还在于表明自己过门后能够尊老爱幼，与全家和睦相处。

在登海县民间女子出嫁时，除了备办嫁妆外，还得备办一些礼物送给夫家的人，作为相见礼，此俗沿袭至今。礼物是"绣花鞋"和"同心腰兜"（腰兜），饶有情趣。绣花鞋又叫"本相鞋"。当姑娘找到了好婆家，订了终身之后，便开始在深闺中动手缝制一双双新布鞋，还用"五色"丝线在新纳的鞋面细心绣上美丽的图案。出嫁时，还要制作许多腰兜，便把这些绣花鞋和腰兜带到夫家，分别赠给夫家的婆婆、妯娌、大姑、小姑、舅妗、姨妈等，作为见面礼。这些见面礼物，除了显示新娘心灵手巧、勤于家计外，还以此表示贤惠和团结友爱。现在姑娘出嫁虽然没有自己动手制作这样的绣花鞋，但古例尚存，购买商品鞋取而代之。

3. 穿上轿鞋

在我国，有的地方把穿着或脱下新鞋，形成一种婚礼的规范。有穿上轿鞋的民俗。嘉兴市郊婚姻民俗中，女出嫁日，女家发完最后一份嫁妆，在新娘上轿前要举行穿（换）"上轿鞋"仪式。在堂屋正中放好一把椅子，地下铺上红毡或红布（也有用红纸），此时，新娘已穿好由男家送来的从里到外的新衣衫，并化好了妆，由伴娘迎到堂屋椅子上就座。这时，便由新娘父母为女儿脱去旧鞋，换穿事先做好的"上轿鞋"。穿鞋时常有爹一只娘一只，或由母亲一人完成的。新娘穿上了"上轿鞋"，就不可在自己家中走动了，上轿时也必须由人抱着或背着出门上轿，俗信新娘双足不能沾着娘家泥土到男家，怕因此带走了娘家的福气。这一点各地都有自己的民俗。如把轿子退到房门口，由新娘的父母或背或抱送进花轿，有的民族干脆

▲ 踏轿鞋

由娘家舅舅兄弟等男子，用红毯子裹住新娘轮流背到新郎家。有些则采取让新娘在红缎绣鞋的外边再套上父兄的大鞋走着上轿，然后脱掉大鞋。

蹈婿鞋，亦称"踏夫鞋"。旧时汉族婚姻风俗。流行于江南地区。指新娘下轿，首次进夫家门的仪式。即新娘下轿必须换上新郎的鞋子，故名。"鞋"谐"偕"音，取夫妻白头偕老之意。

踏轿鞋，则是旧时一种婚姻习俗。如在福建惠安县崇武半岛上的大岞村，住着惠安女。她们穿自制的绣花鞋，其形似拖鞋。鞋面用红布绣花做成。鞋底用旧布裱叠成约一寸厚，也有直接用旧鞋底衬旧布做成。这种鞋因系结婚时上轿必穿而得名，俗称"踏轿鞋"。以后逢喜事，如生子、娶儿媳、孙子满月时才穿。一直穿入棺中，就这样，形成"一双红鞋穿到死"的民俗。

脱鞋洗脚，在畲族民间婚礼中，有脱鞋洗脚的民俗，流行于浙江地区。婚嫁日，赤郎（送亲人）代表男方到女家接亲，进入中堂，赤郎送亲人、行郎向女方父母行过礼后，一边唱着"接亲歌"，一边将男方的礼品清点给女方。接着女家主人送上茶点和洗脚水，还唱着山歌来接他们喝茶、吃点心，脱掉草鞋洗脚。

4. 穿红绣鞋

穿红绣鞋，是民间婚姻的习俗，有的地区结婚时，新娘穿的鞋子上绣着象征吉祥的图案。如在闽南，新娘出嫁时必须穿红绣鞋。旧时女人从小缠小足，新娘两腿须用白布从脚趾裹至小腿，再用一条约半尺长五色绣有花边的裤连在脚臼上。脚上穿一双红色绣鞋，鞋面绣有龟鹿等花纹，表示婚后能福禄寿齐全。但也有穿绿色的，如在中原地区女子结婚时穿的鞋子是绿鞋。女子结婚必须穿一双绿鞋，上面绣上金鱼穿莲，戏水鸳鸯等吉庆图案。在豫南，方言把"绿"读成"路"音，穿上绿色喜鞋，意即到了婆家。不要忘了回娘家的"路"不要成为六亲不认的人。鞋样同普通鞋无两样。尖鞋，木头底，带鞋尾巴，鞋带子。富家女子鞋多用绸缎等好料，一般平民用细布。"绿"字与"禄"字同音，禄指福，"双禄"以谐音来表示对结婚女子的最大祝福。所以"绿鞋"鞋面是不准扎花的、忌"扎"字带来厄运。此俗至20世纪60年代后期逐渐消亡。有的地方，则穿黄色的，叫"黄道鞋"古时结婚要选黄道吉日，新娘在结婚上轿时穿用的是用黄布制成的婚鞋，故称。到夫家后再换红色婚鞋。新娘着虎头鞋，是旧时一种婚姻习俗。在上海崇明岛上，当女子出嫁时，一定要穿一双虎头鞋，俗信借老虎的威势，过门可制服丈夫。

5. 喜鞋的样式

旧时姑娘要穿喜鞋出嫁，鞋面布都用红色，质料有布有缎，鞋头或绣花或不绣花。如龙凤双喜婚鞋，鞋面用红或黑绸布，并绣上精美的图案，鞋帮外侧各绣一条黄龙，内侧则各绣一只五彩凤凰鞋，头面绣盛开的牡丹或双喜象征龙凤吉祥，花开富贵。又如"三多喜鞋"，鞋面用大红绸布，绣以石榴叶子，佛手果，桂花等，寓意为多子、多福、多寿，简称"三多"。鞋帮口饰以彩色花带。鞋底为牛皮。该鞋图案丰富多彩，为贵妇人所穿，系绣中精美。还有以"鸳鸯戏水，夫妻恩爱"鞋花为主题，表达了对美满婚姻的期盼。新中国成立后，皮鞋日多，新娘亦有时兴穿皮鞋，色有红黑，跟有高低，鞋帮

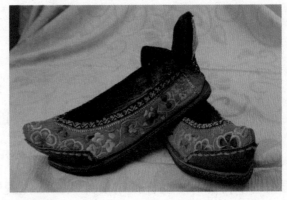

▲ 喜鞋

有镂花或不镂花。男子结婚所穿的第一双鞋，必为新娘亲手制成或新娘所购买，式样则以当时流行的鞋为准。

6. 筛鞋和解怀脱靴

在壮族中，有一种婚姻民俗，叫筛鞋。青年结婚，女方陪送新娘到男家的众姐妹，称为"送亲"。"拜堂"后，由送亲者唱"十说歌"。尔后，主人家在正厅里摆开筵席，举行"敬茶""敬酒"仪式。此后送亲人起身告辞时，一个男后生捧出竹筛，来到席上"筛鞋"，送亲人先要推托谦让，最后才能把随身带的礼鞋献到米筛中来，表示礼轻义重，作为留念。男方收到礼鞋后，把红纸封包放在米筛里，边旋着"筛子"，边送到送亲人面前，嘴里还唱着答谢歌。送亲人收下封包，才行告别。

解怀脱靴，亦称"开怀脱靴"，旧时一种婚姻习俗。成婚之夜，送房人退出洞房后，新郎替新娘解开一个衣扣，俗称"解怀"，亦称"开怀"。民间习称妇女开始生孩子为开怀。解怀后，新郎坐在床沿，

新娘替新郎脱鞋脱袜，俗称"脱靴"，以示对丈夫的尊敬。

7. 争磕鞋和踩新郎鞋

争磕鞋，是扬州婚俗。旧时在扬州成婚时，新郎新娘在洞房上床前，到底谁脱鞋先上床，如果新娘先脱，新郎就忙脱下自己的鞋磕在女鞋上，这叫"男鞋为天，女鞋为地"。意思是男的在上，把女的压在下面，永远不得翻身。也有新娘使计叫新郎先脱鞋，然后把自己的鞋磕上去，也争个女为大，压一压男的，男的如愿意则罢；反之，则互不相让，会大闹起来。最后经劝解，还得让男鞋磕在女鞋上。

踩新郎鞋，婚姻习俗中的一种禁忌。在我国汉族某些地区，当新郎新娘上床安寝时，那新郎要特别注意把自己的鞋放在新娘踩不到的地方。万一被新娘踩住了，新郎就一辈子在妻子面前抬不起头来。新娘踩了新郎的鞋，就是对新郎的莫大侮辱。

8. 回门鞋

在中原地区新娘结婚后，要"回门"，即回娘家。有种叫"过桥底"鞋的婚礼鞋，是新媳妇回娘家时穿的鞋子。上世纪三十年代新媳妇三天"回门"时必穿"过桥底"鞋。此鞋制作较讲究，鞋面须用大红绸缎，鞋口略开，围着鞋口处，绣有盛开的莲花，绕着莲花瓣儿边缘还压有极细的彩色辫子。红色鞋面代表喜庆、吉祥之意，又有辟邪祛灾之用；脚踩两朵莲花，取"步步莲花"，喻指婚姻生活美满。新媳妇脚穿莲花样鞋回门，又含有安全、平安、高洁、吉祥之意。最有特点的是桥一样的鞋底。过桥底鞋的底似高跟鞋极高，鞋跟前的凹处往里掏进去一些，钉小栋枣大的一颗银铃，铃铛上边串两粒琉璃珠儿和一圈儿细小的彩色绉穗。鞋跟处饰戴银铃铛，莲步轻移，银铃叮叮，很能增加吉庆的气氛。也有说，这种鞋底下带银铃的古称叫"攀步鞋"，穿上这种鞋，结婚过门后，要轻移金莲缓步慢行，不能把鞋底小铃发出声响，否则被认为新娘子有失大礼，不尊妇节。这种警铃似的"攀步鞋"深刻揭示了古代社会对妇女的歧视与禁锢。

在南方，回门鞋是民间一种婚姻习俗。在新婚满月后，娘家要把女儿接回家住些日子，俗称"回门子"，又叫"单回门"。若夫妻二人同去，就叫"双回门"；双回门的可在女方家住一个月，所谓"过双月"。单回门的新娘在娘家住的天数，由婆婆决定，一般都含"八"字，八天、十八天、二十八天；也有的地方论九，叫"回九"。无论是"回九""回八"，都不能超过一个月。新娘"回门"期间，要为丈夫家每人做一双新鞋，俗称"回门鞋"。回门鞋有"满堂""半堂"之分；丈夫家按人头每人一双的，叫"满堂鞋"；娘家较穷，新娘只能替丈夫和公公各做一双新鞋的，称"半堂鞋"。

■ 寿诞礼与鞋

生日送鞋，是民间祝贺生日的一种习俗。逢亲友生日，除送各种礼物外，还得亲自做鞋送去，以表贺意。《金瓶梅》第十九回："八月十五日是月娘生日……狮子街花二娘那里，使了老冯，与大娘送生日礼来……又与大娘做了一双。"

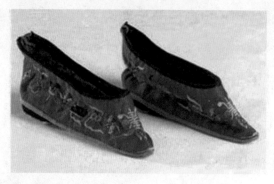

▲ "寿"字弓鞋

凡逢为老人举行祝寿仪礼时，子女必须送衣饰鞋帽等物，其中必有一双鞋子，并在鞋上绣一个"福"字或"寿"字给寿翁婆穿着，含祝老人长寿之义。如安徽"寿"字弓鞋，采用红缎帮面，鞋头绣有"寿"字帮两侧绣着"男女同鞋（偕）"及金钱、牡丹等图案，鞋跟底部还绣着花卉，全鞋刺绣精美，寓意丰富。

"福"字立头鞋是布鞋的一种。流行于上世纪三十年代的中原地区。此鞋为老头鞋。常为那些家境殷实、儿女孝顺的老人享用。鞋为黑色，鞋头处贴一块深色布，布上绣一金色或本色"福"或"寿"字，所贴布边沿儿压上一道或两道辫子，彩色本色均有。辫子多呈云纹或"富贵不断头"图案。又如：蓝面白鹤绣花寿鞋，采用深蓝色的缎面，绣上飞舞的丹顶鹤及波涛浪花，鞋底革层皮面底，轻便美观。送"福"字鞋，是对老年人最好的祝福。在东莞，双方父母60岁至80岁，每逢做寿时，双方都要互送寿屐，以示祝寿。

■ 丧葬礼与鞋

人死后，有成套的仪礼。首先亲人要穿丧鞋，因地而异、各有礼仪。

1. 丧鞋和孝鞋

丧鞋亦称"孝鞋""孝履"，礼鞋的一种，指儿女行孝之鞋。有的地方老人过世，儿女们须穿孝鞋，即在平常所穿的鞋上糊一块白布。护鞋的叫护孝，穿鞋的叫穿孝。穿孝鞋因死者和应该穿孝者的血缘关系的亲疏远近，还有等级之分。儿女的孝最重，除穿孝衣外，鞋上护的孝布也最大。如父母全去世，儿子要用孝布将鞋糊平；如还有一位健在，则留下鞋后跟部分。出嫁的闺女即使生身父母双亡，但公婆尚在，要留下鞋后跟不糊，儿媳妇亦然。若四位老人全逝，闺女，媳妇要全糊。侄儿、侄女和孙子只护一个大鞋头，侄孙子辈护小鞋头。儿女护鞋的孝布是毛边，其他的护鞋布均为光边。孝布自己烂掉可以，但嫌丑撕掉，会被人认为"不孝"。丧事未尽布掉了，那就不能再护，否则就是在咒另一个老人快死，不吉利。女儿服孝要三年，护的孝鞋穿烂了，再做一双纯白鞋，直至三年孝期满才可脱掉。

在江苏地区，妇女丧偶，男子丧父母，第一年穿白鞋，第二年穿蓝鞋，第三年恢复穿黑鞋，丧偶的青年妇女，鞋帮上可以绣蓝、黄绿色的丧花；丧偶的老年妇女，鞋上一般不再绣花，但子孙满堂的，则可以随心所欲地绣各种色彩的花卉。

旧时丧葬民俗，是按中国丧葬仪式五种规范的基本服饰，穿着不同样式的丧鞋。凡斩衰，是"五服"中最重的孝服，其丧鞋为草鞋，鞋前蒙以白布，毛口凸出不缉边。即古人所说的"凶饰"。凡齐衰，是在丧鞋前蒙白布、无毛口，尺寸亦较短。两种鞋子，制作十分粗劣，古称"散屦"。凡大功、小功，其丧鞋均为人工制作较粗的鞋子，故称"功屦"。凡缌麻，亦称"麻衰"。其鞋用一般草鞋。丧鞋要穿到父母去世后第十一个月，才将草鞋换为练鞋。有的地方遇长辈逝世，须穿白色布鞋，俗称戴孝。如临丧不及制作，则在旧鞋前帮包块白布替代，然后另制新白鞋。戴孝时间，因视亲疏而不同，服父母，为期三年；服祖父母或伯叔丧为时一年；妻服夫丧，多则三年，少亦一年。亦有为长辈及丈夫服丧，穿五色鞋，即须穿破白色、半蓝半白、灰色、蓝色、青色五种不同颜色，谓如此来往能保佑五代同堂。

白鞋，亦称"素履"，丧服的一种。旧时穿孝，近亲孝期长，自然做成白鞋来穿。旁系属戴孝，时间短，即于鞋帮、两侧裱以白布，脱孝时撕去白布，还鞋以本来面目即可。

练鞋是用煮过的布帛制作的鞋。练是一种煮布法，《周礼·天官·染人》："凡染，春暴练。"郑玄注："暴练其素而白之。"把丝麻或布帛经过练者，成为洁白柔软的熟绢，古人称之为练。用练布做成的鞋，就叫"练鞋"。指古代的一种祭名，即父母去世第十一个月在宗庙举行祭祀，可穿练过的布帛，故以此为祭名，举行祭祀称"练祭"。《礼记·杂记下》："丧之期十一月而练……"练鞋是练祭中所穿的鞋。礼屐在东莞，老人去世后，做"百日"或"对年"时，老人的家属要给参加办丧事的亲人每人送一双礼屐，以示吉利。

2. 送老鞋和陪葬鞋

送老鞋是老人逝世后入棺穿用的鞋，在浙江东部地区，女的用蓝绿色纺绸为面，绣或画上公鸡报晓。鞋底只用白布糊上，不用织，底面画一只犬，男女都一样。

送老鞋，是礼鞋的一种，老人死后穿的鞋，汉族丧葬民俗。流行于中原地区。送老鞋一般是蓝色鞋面，帮口暗绦，纳底不纳帮，两只不认脚。也有男用黑色，女用红色，以示区别。送老鞋上绣有各种吉利图案，如在鞋头两侧各绣一蝉一鹅，或一鸟一鹅；在鞋底上绣花、莲藕、莲叶、仙鹤或"天梯"等，表示祝愿老人死后灵魂上天之意。在河南商城，男女送老鞋底都要粘15个或16个1分硬币大小的黑纸片。粘15个的为前7后8；粘16个的为前7后9。俗信"前七后八，穿着防滑；前七后九，穿着好走"。还有一种七星八卦送老鞋，鞋的两边各绣一棵摇钱树，两鞋共四颗，树上挂满金钱银钱。鞋底上绣有七星和八卦，送老鞋有单有棉，穿棉者认为，人死后穿此不怕冷，穿单者认为，人死后穿轻走快。送老鞋是吉祥物，也有称"寿鞋"，老人喜欢生前做好，做送老鞋的人要求是有儿有女且丈夫健在的妇女。

在楚地湘西一带，老人死后入棺，死者穿的是大红寿鞋，这种破例做法，意为以红色震慑怕火怕光的妖魔，驱散生者心头的阴影，让死者在地府活动自由，免受邪恶之气的侵袭。

有些地方小儿因病或其他原因夭折，也用陪葬鞋。鞋用陶泥仿小儿鞋做成，经过烘烧成型和小儿同埋地下。

▲ 送老鞋

第三节　鞋履中的节日民俗

■ 冬至荐鞋袜

冬至，即仲冬之节。从历史可查，冬至曾是"年"。冬至日在黄帝时，作为岁首，称作"朔旦"；周代也曾以冬至所在之月"建子"为岁首。所以冬至节祭祖祀先，拜尊长等，都是相沿的古俗。

汉代起把冬至列为会节，有贺节之俗，时在阴历十二月二十二日前。据《中华古今注》载："汉有绣鸳鸯履，昭帝令冬至日上舅姑。"昭帝于公元前86年到前73年在位，这说明在距今2080年左右，我国已有冬至节"荐履于舅姑"之俗。在汉字中，履亦是礼，往往可以互训，构成文化同构的关系。汉魏时流行的"履长之贺"，即妇女于冬至节向长辈敬献鞋袜的习俗，就是"履礼"相通的最好例证。

此习俗起于汉，至魏晋时已明确有献袜履之仪。三国时魏之陈思王曹植在冬至日向他的父王曹操进献鞋袜，并附《冬至献袜履表》，也反映了这一民俗。其文曰："伏见旧仪，国家冬至，献履贡袜，所以迎福践长，先臣或为之颂。臣既玩其藻，愿述朝庆，千载昌期，一阳嘉节，四方交泰，万汇昭苏。亚岁迎祥，履长纳庆，不胜感节，情系帷幄。拜表奉贺，并献纹履七量，袜若干副。茅茨之陋，不足以入金门，登玉台也。"亚岁，即冬至；履长，是比喻冬至日长，亦指冬至。"冬至律当黄钟，其管最长，为万物之始，故至节有履长之贺"（《玉烛宝卷》卷十一），此文说明了冬至"献袜贡履"的用意是为贺"一阳嘉节""迎福践长"，那是距汉昭帝300余年的事了。而后演变为"妇制履舃，上其舅姑"之俗。

南北朝时，更重于前，且有拜父拜母之仪。宋代此日，还有更易新衣新履袜之俗。据孟元老《东京梦华录》载："京师最重冬至更易新履袜，美饮食，庆贺，往来一如年节。"《崔浩礼义》曰："近古至日，妇上履袜于舅姑，践'长至'之义。"浙江《临安岁时记》也载："冬至俗称'亚岁'……妇女献鞋袜于尊长，盖古人履长之意也。"

明代，每逢冬至，妇女献鞋袜于尊长，亦古人履长之义。冬至献鞋袜，形成了我国儿媳侍奉老人、孝敬公婆的礼节。在旧时浙江一带，妇女每至小年（冬至节的俗称）献鞋献袜给公婆，以示敬意。因为冬至为仅次于春节的传统佳节。冬至意味着寒冬逼近，此时献鞋袜给老人，一为贺节，二为送温暖敬老。

明清时期，在我国山东曲阜等地的妇女，都要在冬至节前做好布鞋。于冬至日赠送舅姑（公婆），至今仍保留了这一敬老的良俗。

■ 清明踏青履

踏青履是用于踏青的鞋履。按照民间习俗，每年清明前后，男女都会去野外踏青，以祈消灾祛邪。这一天，御新制鞋，称为"踏青履"。

■ 端午穿虎鞋

虎鞋多以黄布作鞋面，前面绣虎头，中间绣一"王"字，鞋帮两侧绣虎脚，后面缀一条虎尾巴。在山西不少地方，妇女们于端午节，做双虎头鞋给孩子穿，借虎的阳刚之气和威武，驱邪祈福，俗信能起到作用，反映了父母对子女的美好祝福。

第四节　鞋履中的信仰民俗

■ 求子的象征

　　偷小鞋，是旧时民间一种求子习俗。某处云台山有一窦娥庙，民间称之为娘娘庙，在娘娘塑像后边，放着许多小童鞋。不孕妇女以"扣百子"之法，到娘娘庙内拜祭偷一双小童鞋，不让别人知道，放在自己床里边。若真的生了孩子，偷的鞋子给自己的孩子穿，另外再做两双或四双送还庙内。有的说多送几双能多生几个孩子。一般都要多做几双小鞋还庙，让别人再偷。娘娘庙里的小鞋有人偷有人送，永远偷不完。江苏黄渡镇也有此俗，无子者往往到镇东祖师堂送子观音前，烧香祈祷，并暗中将送子观音的绣花鞋偷去一只，云即成生子。唯生子以后，须寄送给送子观音为干儿子。

　　乞神鞋，也是一种求子习俗。在浙江南部，每年农历正月初八，俗称"长八日"，妇女有结伴去太阳宫向陈十四娘娘乞子的习俗。陈十四，原名陈靖姑，自幼到庐山学法，后为民除妖赶魔，并为妇女保产佑子，后被人们奉为女神。凡是新嫁娘和婚后未有子嗣者均相约前往陈十四宫庙乞子。平时妇女未有子者也去祈求女神赐嗣，她们在神像前提一只神鞋回去，如事后得子，则加倍制鞋还愿，她们一般回三四双鞋挂在神像前，后来者又择之一而去，因而源源不断。

■ 靴鞋禁忌

忌穿人新鞋，是民间一种禁忌。在江苏等地，凡新制、新购买的衣帽鞋袜，主人没有穿着以前，别人不能试穿，即便是亲戚好友，手足兄弟也不行，俗有"试人新，穷断筋"之说，认为试穿别人的新衣，自己会受穷。如想比量一下别人新衣的尺寸，也必须待衣主人穿一下以后，才能再试穿。

忌烧屐。在东莞，木屐因不耐磨，穿一些日子就成了"燕尾屐"或"平底屐"。这时，人们扯掉屐皮，把破屐当柴烧，当然不能让老太婆们知道，迷信的老太婆是不能容忍"烧屐"行为的。

靴山是民间一种风水迷信之说，称靴形山是可以出贵官子孙的葬地。宋俞成《萤雪丛说》："陈季陆尝挽刘韬仲诸公，同住武夷，访晦翁朱先生，偶张体仁与焉。会宴之次，朱张忘形，交谈风水，曰如是而为笏山，如是而为靴山。"

■ 民间的吉祥物

在我国临清一带，每年端午节，七岁以下儿童必穿黄布鞋。用黄布做鞋帮，白布做鞋底，在鞋前头和两边鞋帮处，用毛笔画"五毒"，蝎子、蜈蚣、壁虎子、毒蛇、蟾蜍，传说这样可杀死"五毒"，撵走妖邪。

穿屐辟邪，这是东莞人一种求吉民俗。当搬进新居入伙时，全都要穿上木屐在屋里走动，据说可以去秽辟邪。

在我国工艺鞋中，有一种叫"瓷挂鞋"的小陶鞋。艺人用彩陶瓷做成小小的对鞋模样，一般高1.5厘米，长4厘米，两鞋紧贴在一起，中有小孔，便于悬挂。人们把它系在腰间裤带上或者系在扇柄上。因"鞋"字与"邪"字同音，俗谓携带鞋形物，可以以"鞋"辟邪，保佑出门路途平安。在明代民间，这种小瓷挂鞋十分流行。它形成了信仰和欣赏相结合的别具一格的陶瓷鞋，并带上了浓厚的信仰民俗色彩。

在陕西商洛市乡村，至今还存在古老的蛇禁忌，人们见蛇就会产生恐惧，但又相信蛇有灵性。所以，家里发现蛇（又称家蛇）是不能驱逐和打死的。在野外见蛇，如蛇的位置比你

▲ 黄布鞋

高，俗信只要脱下鞋从蛇的身上扔过，才可消解不吉利的预兆。

大红喜屐踩龙眼，这是广东东莞一种俗信。民间相信红色木屐有消灾去邪的功能。当地人喜穿木屐，就连结婚时，人们也不忘木屐。新娘结婚那天坐轿直达男家。一下轿子，送嫁婆就把一双大红喜屐套在新娘脚上，新娘在送嫁婆的搀扶下，用木屐把新房门口前的龙眼干一颗颗踩碎，才能进入新房，表示消灾去邪。婚后第二年，丈夫的生日，女方父母都要送喜屐给女婿，以后每年为女婿做生日时，女方父母都要给女婿一家每人送一对喜屐。

■ 鞋靴行业神信仰

中国民间各行各业，都有自己崇拜的行业神，属民间信仰行为。行业神又称行业守护神或行业保护神，俗信是主宰和保护行业之神，是从业者供奉的用来保护自己和本行业利益的神灵。

旧时，靴鞋业是指制作、修理、售卖靴鞋行业的总称。靴鞋工匠称为鞋匠、靴匠、皮匠等。由于我国区域广阔，各地鞋靴业供奉的行业神不一，为多神崇拜。它所供奉的祖师有孙膑、黄帝、鬼谷子、达摩、白豆儿佛以及靴神等。

每年，对这些祖师有定期的祭祀日。早在明代民间有礼靴神之俗。沈榜《宛署杂记·民风》中载："十月送寒衣……祀靴，卖靴人以是日为靴生日，预集钱供具祭之，以其阴晴卜一冬寒暖，多验者。"据《基尔特集·靴鞋行会》载：北京靴鞋行每年正月二十八日要在前门外国教堂饭庄举行祭祀孙膑的活动和宴会。也有在三月举行靴师报祖活动，据李家瑞《北平风俗类征·岁时》引《燕台新月令·三月》载："是月也，栾枝红，丁香白，炕火迁于炉，芦芽入馔，蒲根肥，黄瓜重于珍，榆钱为糕，蟋桃会，靴师报祖。"这里所说的报祖，即酬神报祖。靴鞋业这一活动，成为岁时活动的重要内容。《礼俗调查》说东北鞋匠供奉孙膑："孙膑真人，鞋匠所供之神也。""三月初三，为孙膑生日，神名了已真人。皮匠、鞋匠奉此神为祖师，于是日祭之。"

为了祭祀祖师，明清以来各地靴鞋业还分别建立庙宇，作祭祀祷拜之所。如北京曾建有两座祖师殿，一为财神庙孙祖殿，一为精忠庙孙祖殿。民国十二年《靴鞋行业孙祖殿碑》记云："其宗师们卖靴鞋行，曾在前门外东大市金鱼池西财神庙东跨院，建于祖师圣殿三年。历年春秋，献戏致祭，接办已久。"《基尔特集·精忠庙》载："精忠庙内建有孙祖宝殿，内供孙膑神像。"清乾隆四十八年（1783年），长沙靴鞋业成立了孙祖会，从那时起，各铺户、客司俱在乾元宫合祀。清同治十二年（1873年），长沙靴鞋业《干湿靴鞋店条规》中云："我等干湿鞋一行，原系铺户客师公建。孙祖会始于乾隆癸卯年，邀集同人，襄兹盛举。迨至嘉庆十一年，公捐银五十两入乾元宫，供奉香火。"武汉靴鞋业奉孙膑及孙膑娘子为祖师，建孙祖阁、孙祖殿。吕寅东等《夏口县志》卷五说：汉口鞋业建有孙祖阁，"孙祖阁，（在）六度桥阳

▲ 孙膑像

中国古代鞋帽

街，清乾隆年创设"。该庙于民国二年（1913年）改称鞋业公所。在《武汉的传说·孙祖殿》记当地居民严大爹口述："过去有个孙祖庙，现在叫孙祖巷，这是供孙膑为鞋匠的老祖宗。……靴匠奉孙膑及孙膑娘子为始祖。"

在众多靴鞋业的祖师爷中，信奉孙膑居多数，他被尊称为孙祖、孙膑老师、孙膑祖师、孙膑真人，了已真人等。对此，文献多有记载："孙膑老师乃靴祖师"（《玉匣记》）；"靴工祖孙膑"（《阅微草堂笔记》卷四）；"靴业祖孙膑"（《二十年目睹之怪现状》第六十四）；"皮匠的师傅是孙兵（膑字之误）"（《鲁班书·九老十八匠》）。另外，《画诀》祖师神马名位中有靴鞋业所用孙膑神马，题"孙膑真人"。

我们知道，各行业神大部分由真人上升为神，孙膑也是如此。孙膑原是战国时期齐国的军事家。

靴鞋业所以奉孙膑为祖师的基本依据，因历史上的孙膑曾受刖刑，有被解释为砍断手足，有被解释为剜掉膝盖骨，而这两者都与靴鞋有关。同时，由这一历史事实出发，在民间又派生出种种关于孙膑与靴鞋的传说，其中突出的有：

有关"兽面宝鱼"的传说。据《靴鞋行业祖殿碑》云："我孙祖乃做武文鞋，以护其膝。燕君曾饰匠工以穿靴为朝见之服。我孙祖复以兽面宝鱼，饰其靴头，藉分文武。"大意是说孙膑受膑刑后制作了护膝的鞋子，又以兽面、宝鱼的形状装饰鞋头，作为区分文鞋和武鞋的标志。

有关"靴头鱼"的传说。相传，庞涓因忌恨鬼谷子将一部天书（兵法）传给了孙膑而用计砍掉了孙膑的双脚。刀斧手把双脚扔到河里后，河里游出了两条靴子样的大鱼，叫靴头鱼，孙膑的好友捞起靴头鱼给孙膑看，鱼一接触孙膑的断腿就粘在上边了。孙膑站起来一走路，觉得比光脚走还舒服、迅速。于是大家纷纷做出鱼头式样的靴子来穿。无独有偶，明吴门啸客《孙宠演义》第十、第十一回也写道："楚国向齐国献了两条怪鱼，无人认得。孙膑说，这鱼叫靴鱼，手拍三下，口叫三声，鱼就会跳上岸来。在水柜试验时，鱼果然跳了出来，但死了一尾，孙膑便将死鱼拿归为己有。原来他被庞涓刖了双足，没有十个足指，双脚行动不便，把这靴鱼做个样子，叫皮匠把软净兽皮配上一只，凑足一双，穿在脚上。"

关于鞋店来历的传说。见《基尔特集·东晓市财神庙》："靴鞋之所以尊孙膑为师，是因为他没有脚，于是才有鞋店为他发明了鞋，并做出了两种鞋，一种叫文鞋，另一种叫武鞋，这就是鞋店的来历。"

关于孙膑娘子做鞋的传说。相传，孙膑被庞涓陷害，挖掉了一条腿的膝盖骨，后来膝头化脓，脚也烂掉了。孙膑娘子用紫檀木做了假脚，又用牛皮做了一双深筒皮靴，假脚变成了真脚。远近居民便都来向孙膑娘子学习做鞋的手艺。孙膑因懂兵法而使鞋样不断翻新。

关于孙膑救樵夫的传说。相传，有个樵夫被蛇咬伤了脚，孙膑为救他而砍掉了他染上蛇毒的脚。然后又砍掉自己的脚，安在樵夫腿上。接着又把樵夫的靴变成了自己的假脚，又能走路了。但不久，庞涓把他的假脚又给锯掉了。樵夫为了报恩，便使劲地为孙膑做鞋，大家受到了感动也帮着做，于是鞋业大兴。

总之，靴鞋业之所奉孙膑为祖师，除了孙膑是历史上有名人物外，主要是由于他受的是刖刑，靴鞋像假脚，故奉孙膑为祖师。

北京靴鞋业在奉孙膑为祖师的同时，又奉黄帝为"鞋行鼻祖"，认为黄帝是在孙祖之前的鼻祖。其根据是："盘古治世立民，以至天地黄均赤足而行，举步维艰，动必择路。迨我黄帝，睹人民之困苦，始创造扊履，借作护足之需，相从造履之艺者，颇不乏人。追溯其源，黄帝实为我鞋行之鼻祖"（见《靴鞋行孙祖殿碑》）。另有一说，黄帝的一个臣子于则，创制扉履（见唐徐坚《初学记》）。

靴鞋业又奉禅宗初祖达摩为祖师。《中华旧礼俗·各业所奉之神》载："鞋业奉达摩祖师（南北朝天竺高僧）。"这可能和宋·普济《五灯会元，初祖菩提达摩大师》中所说的达摩"只履西归"的传说有关，该书云："魏宋云奉使西域回，遇（达摩）祖于葱岭，见手携只履，翩翩独逝。

云问：'师何在？'祖曰：'西天去！'云归，具说其事，及门人启圹，惟空棺，一只革履存焉。举朝为之惊叹。奉诏取遗履，于少林寺供养。"《三宝太监西洋记通俗演义》第二十回有彩画匠画达摩僧鞋的情节，又言经上有歌："初祖一只履，九年冷落无人识，玉叶花开遍地香。"

　　明代，民间有祀鞋神之俗。沈榜《宛署杂说·民风》中载："十月送寒衣……祀靴，靴人以是日为靴生日，预集钱供具，祭之，以其阴晴卜一冬寒暖，多验者。"靴有生日，表明将靴人格化和神化了。其他又有供白豆儿佛、鬼谷子等为靴鞋业祖师的。

　　在少数民族中，也有崇拜鞋神的风俗，如侗族崇拜草鞋菩萨。在锦屏县境内，有草鞋菩萨的神庙，敬祭无固定时间，人们有求于他才去敬祭。祭品为一双草鞋和香烛纸钱。据传说，草鞋菩萨是个烧炭人，为人正直，多为大家办好事，死后仍然保佑一方，人们为此修庙祭礼，表示崇敬。

第五节　其他民间礼俗

■ 脱鞋入室

　　这是古代一种礼仪习俗。因为在周代，把服履作为礼仪，有严格的规定。史书载："侍于长者，履不上堂。"意思是说，侍奉上辈，不能穿鞋上堂。因古人席地而坐，登堂就是就席，穿履就席不但不干净，而且是不恭的表现。妇女入室也要脱履。据《南淮子》载："古老家老异饭而食，殊器而享，女子跣足上堂，跪而酌羹。"《礼记·曲礼》亦载："户外有屦，言闻则入。言不闻则不入。"这门外的鞋，就是进屋人脱下的屦。有一次，庄生赴会，把鞋子脱在门外，膝行进去。等到列子去的时候，户外的鞋子已经满了。对如何脱履，《曲礼》曰："解履，不敢当阶，就履跪而举之，屏于侧。"解履就是解开履头鼻縶绳相连的结带，升堂时即解之，不能当阶解履。着履时，必须足上。如果两股前伸而穿鞋，则叫箕踞，这样最不礼貌，古人最忌。

　　因此在周代的社会活动中，人们严格遵守解履脱鞋入室习俗，平时在室内大都赤足行走。据《左传·宣公十四年》："楚子闻之，投袂而起，屦及于室里。"意思是说，楚王因事出室，不及穿鞋，屦人追到了室里（即寝门），才进屦由楚王穿上。又，《列子》载："宾者以告列子，列子提屦跣而走。"这都说明古人在室内是不穿鞋的都是赤足走路的。如果在宫廷内穿鞋上殿见君，那就会遭杀身之祸。春秋时有这样一个故事，说的是有一次晋平公召见师旷，师旷上堂没有脱屦。平公十分生气，说："哪有人臣不脱屦而上堂的？"那时，臣子朝见君王，也要脱下鞋子放在殿外。如果不遵行这个礼俗，还会招来大祸。《吕氏春秋》载：一次，齐王疾痛，叫人到宋国迎文挚归来，文挚匆匆到了宫内，忘了脱鞋，就登床问候齐王的病情。齐王边叱责边起来，就准备生烹文挚。又据《左传·哀公二十五年》："卫侯与诸大夫饮酒，褚师而登席，公怒戟其手曰：'必断其足。'"以上两例，都是因入室不脱屦，而险遭断足遭烹之灾。那时，只有官高位尊的亲近大臣，才能有穿鞋上殿见君的特殊待遇。

■ 留靴、挂靴

在谈古代挂靴民俗以前，先讲一个与它有关的故事。

从前，有个乡下财主到城里去玩。在将要进城时，抬头看见城门外的高杆上悬挂着一个人头，他十分惊慌，问这是怎么回事？有个人对他说："这是强盗抢了人家的财物，被官府抓住处置，砍了头，悬挂在这里示众的。"等他走到衙门前，又看见衙门口悬吊着一个木匣，外画靴形，于是他连连点头说："对了，对了，城门外挂的是强盗头，这衙门口匣子里盛的一定是强盗脚了！"

这个故事是讥笑有些人惯用主观猜测来看待某些客观事物而闹出的笑话。实际上，在衙门口挂着画着靴形的木盒或者挂着真靴子，是表示此地有官离任，群众以画靴或挂靴，表示挽留和纪念。因此，这也是一个不懂民俗闹出的笑话。那么，这个民俗最早是在什么时候形成的？现在尚无结论。但最迟在唐代已有此俗。据《旧高书·崔戎传》，记载了华州刺史崔戎，因为官清廉，为州民所爱戴。当他离任时，州人恋惜他，就有脱去他的靴子，解下他的马镫，不让他走，表示挽留。后人以"脱靴"，指挽留清廉的地方官。清袁牧有诗云："崔帅留靴沿路位，文翁画像满城看。"

直到明清时期，不仅传承了此俗，还把脱靴演变成挂鞋。明徐渭有诗云："只我为官不要钱，但将老白入腰间，脱靴几点黎民泪，没法持归赡老年。"清毛奇龄在《送郡守许公迁宁绍兵巡副使》诗中也写道："碑横剡上路，靴挂郡东楼。"清末，在山西晋城民间，流传着一个真实的故事：

凤台县（现晋城市）有一个姓朱的县官，被人们称为明镜高悬、清正廉明的好官。一天，他坐着八抬大轿从县城隍庙焚香回来，行至城内大十字路口，忽被一位痛哭流涕的年轻寡妇拦住，并声声哭泣着："我的男人死了，上有八十老婆母，下有不足一岁的小婴儿，家境贫寒，无法度日。"说罢，双膝跪在地上，不起不立也不抬头，一街两行看热闹的人，无不为小寡妇的痛苦而落泪叹息。老朱官把小寡妇的情况访明后，急忙差人拿了五两银子和几身衣裳，给小寡妇家送去，并留下一道铁牌，上写："婆母有德，儿媳有贤。上感皇恩，下谢邻舍。每月初一，知府拨钱。养母送终，育儿上学。"从此，小寡妇一家三口人，生活有了依靠。没隔几年，老朱官离任凤台县时，因老朱官为民办了许多好事，百姓谁也不愿意让朱官走。特别是小寡妇一家，跪在轿前拦着老朱官。老朱官没法子，只得走出轿来劝说。哪料劝说后刚转身上轿抬腿，忽被小寡妇的婆母拽住一只靴，随手脱了下来。待老朱官起兵发马走后，人们跟着祖孙三人，把这只靴敬挂在城北的钟鼓楼上，以示人们对他的缅怀和敬仰。这虽然是一只靴，却非常受尊敬，每逢初一、十五，还有些人去叩头焚香呢。可见古代一些官吏，在任上能为民办好事，老百姓是舍不得他走的，因此产生了这种民俗，是不足为怪的。

民俗是传承的，但又不是一成不变的。有些民俗随着社会的风气，也会发生变化的。如"脱靴"一俗，原是赞扬清官好官而产生的一种良俗，但后来，却变成不论好官坏官，当他人离任时，由当地乡绅出面，都留下一对官靴作"纪念"，完全流于形式，这也完全违反了它的原始含意了。但老百姓心里最明白，哪些是好官孬官，哪些是坏官贪官，因此，也发生了利用脱靴这一民俗，来儆戒和惩治那些贪官污吏的用意。

■ 留娘鞋与闰月鞋

留娘鞋是古代礼鞋的一种。流行于中原地区。是儿女为孝敬母亲做的鞋,留娘鞋样式很多,有小脚鞋、天足鞋;有单鞋、棉鞋,但必须是红色绣花鞋。做留娘鞋一般是出嫁的女儿为娘做的;再就是当年有不祥的事件或某些征兆出现,可能对老人造成危害;或母亲年岁大了,将不久于人世,故用带有喜庆之意的大红颜色和牡丹、松柏等长寿吉祥的图案,以期望老人家能返老还童,长命百岁。

闰月鞋,是礼鞋的一种,也是儿女为孝敬母亲做的鞋,流行于中原地区。闰月鞋是闰五月的留娘鞋。闰五月民间认为是"恶月",灾难重大。所以此留娘鞋有特殊要求:黄鞋面、红鞋里、红鞋衬,鞋口也须红色。黄是吉色、阳色,富贵色;红像火能征服妖魔,因此既辟邪又祥和。鞋面扎有大朵荷花,或牡丹、双蝶、佛手等图案象征长寿、吉利。闰月鞋不必天天穿,只在月初穿用几天就可以。

中国古代鞋帽

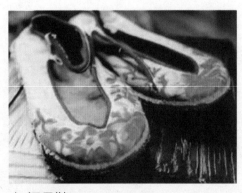

▲ 闰月鞋

■ 送郎鞋和送郎袜

在艰苦的战争年代,千千万万的年轻妻子、未婚妻将自己的丈夫、未婚夫送到炮火纷飞的前线。在物质十分匮乏的年代,沂蒙妇女在临别时赠送给亲人最珍贵的礼物，往往是她们千针万线亲手制作的一双布鞋和两双布袜，人们把它们叫作送郎鞋和送郎袜。一针针一线线都凝聚着她们无限的思念之情。这种特意为自己的亲人缝制的鞋袜，作工精致，花纹细密。除了传统的云字图案外，还有寓意着平安胜利的花饰图样，有的还把"抗战必胜""将革命进行到底""打倒蒋介石，解放全中国"等口号，纳绣在鞋袜上，用以表达她们对亲人的祝愿和自己的决心。新中国成立以来，沂蒙妇女这个习俗依然保留着。只是随着鞋袜生产的工业化，多种型号样式的皮鞋、胶鞋、布鞋取代了传统的家做布鞋，美观结实的尼龙袜取代了手工布袜。年轻的妻子和未婚妻在亲人们外出时，馈赠的礼物，都由手制鞋袜改为缝制鞋垫。常见的有两种做法：一种是用配色丝线绣制成牡丹、鸳鸯、蝴蝶、凤凰等表示吉祥、永结同心的花鸟鱼虫；另一种是采用平绒的织法，将两只鞋垫坯子对在一起，按设计图样用毛线或腈纶线缝制，做好后用刀割开，成为一双色彩鲜艳而对应割绒鞋垫。这些别出心裁的精制鞋垫，保存着沂蒙民间艺术的传统色彩，展示了沂蒙妇女高超的艺术才能。

■ 靴鞋树

靴鞋树十分有趣。据《清异录》载：路上有一株老榆树，往来行人喜在树下换草鞋。再穿上新草鞋，则习惯将换下的旧破草鞋悬在树上，然后扬长而去。日长月久，树上挂满各种草鞋。俗称此树为靴鞋树。

老鼠嫁女鞋当轿

老鼠嫁女鞋当轿，这是旧时汉族的一种信仰民俗，也称"鼠纳妇"。其日期因地而异。如苏北在夏历正月十六，苏南在正月初一，湖南在二月初四，四川在除夕等，俗谓该日是"老鼠嫁女日"。江南一带在老鼠嫁女日前夕家家户户炒芝麻糖，说是老鼠成亲的喜糖，还在当天爆米花。是日晚，孩子们将糖果、糕饼、米花等置暗处或老鼠出入的地方，并将锅盖、簸箕等类，大敲大打，为老鼠催妆，曰："老鼠嫁女。"次晨将鼠穴塞住，谓自此以后，老鼠可绝迹。俗恶老鼠咬啮衣物，故有该夜"遣嫁出门，以求吉利"之俗。

这种民俗流行面很广，故各地民间艺人在创作上，又发展了一种民间年画，泛称"老鼠嫁女"。流行于河北、山东、江苏、四川、山西等地。画面一般都描绘一群老鼠穿红绿衣服、掮旗打伞。敲锣吹喇叭，抬着花轿迎亲。"鼠新娘"坐在花轿中，"鼠新郎"骑在癞蛤蟆背上，头戴清朝的官帽，手摇折扇，双目直注一只大金箱，显出一副贪婪的样子。最后以大黄猫来收拾它们作为结局，构思新奇，富有情趣，为民间年画中脍炙人口的佳作。笔者收藏的一张《老鼠嫁女鞋当轿》年画，更为异想天开，别出心裁。画中以一只大鞋代替花轿，让"鼠新娘"头戴盖头红，似乎羞涩地坐在"轿"中，让鞋当轿，这一构思比实际生活中的花轿更高一筹。因为它贴近老鼠的偷窃习性，使画面更加诙谐风趣。

第三章
鞋履与民间工艺

现代工业可以轻易地批量生产鞋子，但在遥远的古代可并非这么容易。手工制作鞋履是一项复杂而又富有智慧的民间工艺。一双鞋子的完成涉及鞋帮、鞋底、鞋垫、鞋花鞋拔等多个部分。在鞋履制作上，不仅样式丰富，而且绚丽多彩，在造型、色彩、技巧上有着丰硕的成果。

第一节　鞋履制作工艺

■ 鞋　帮

鞋帮有两种解释，一是"鞋面"，省称"帮"。鞋帮本作"封系""封帛""革封"。宋蒋捷《柳梢青·游女》词："柳雨花风，翠松裙褶，红腻鞋帮。"清顾张思《土风录》卷三："鞋面曰鞋帮。"二是鞋部件名称。鞋中覆盖足部的部件，由前帮、后帮和鞋舌合成。前帮与脚的前端和跖趾关节活动部位相对应，在脚的作用下受到曲挠、拉伸、挤压和摩擦；后帮的后跟部位加工成与脚跟相似的固定形状，在行走和穿脱皮鞋时，后帮也受曲挠和后伸；前帮与后帮一般在脚弓两侧的腰窝部位缝合。该部位鞋帮起着包拢脚并托住脚弓里侧的作用。一般皮鞋帮均装衬里，以补强鞋帮和免受磨损，并能吸收一部分脚汗。

鞋帮子亦称鞋脸，指做布鞋的材料。鞋帮由布袼褙、鞋面布、鞋里布"三合一"做成的。按鞋样剪好料子。鞋面布要略大些。做时，先把鞋面布和袼褙缝在一起，再在鞋口处包一层布，最后缝上鞋里布。男孩子穿鞋易损坏，鞋头处还常在鞋面布和袼褙之间加缝一个半圆形衬布。

过去，布鞋的鞋脸，有两种：一种叫没脸儿鞋，另一种叫有脸儿鞋。没脸儿鞋，亦称短脸儿鞋，20世纪50年代以前，因此鞋鞋面是尖口，故又称尖口鞋；20世纪50年代后，鞋面的口变成圆的，又成了圆口鞋，流行于中原地区。没脸儿鞋面料用一块布绞下来，鞋脸较短，无接缝，鞋面绱暗线，左右两只鞋一样不认脚。此鞋主要是男人穿，女人较少穿，女鞋一般在鞋面上绣一朵小花。其鞋底要求厚实。穿时轻便、舒服、朴素、经济。据传，兴起此鞋的社会原因是要记住耻辱。日本鬼子侵略中国之时，老百姓给八路军做的军鞋，大多是没脸儿鞋。主要是要男人记住耻辱，杀敌救国。

有脸儿鞋，又分两种：一种叫单脸儿鞋，另一种叫双脸儿鞋。单脸儿鞋，布鞋的一种，流行于中原地区。做鞋时用结实好布将两块鞋帮包缝在一起。脸儿处缝一道梗儿。单脸儿鞋用料做工都不讲究，一般为男人的大众鞋。双脸儿鞋，也是

▲ 双梁鞋

布鞋的一种，流行于 20 世纪 30 年代中原地区。双脸儿鞋是在鞋头正中的鞋梗子并排缝上两道梗儿。其鞋底子要求较厚，纳时必用锥子、钳子和鞋夹板子。鞋帮有半纳，也有全纳的。鞋前头的两道"脸儿"须用熟皮子缝，先用窄窄一溜儿结实好布从两边把两片帮子连在一起，再用皮子一块或两块，用连续密实的针脚将其缝成两道黑皮梗子，竖在鞋前面。此鞋为男人所穿。

双梁鞋，是北方一种布鞋。其特点是为了坚固耐穿，在鞋头上有两道棱子分向两边，俗称"双梁"。如果是一道棱放在鞋头中间，则称单梁鞋。此鞋为建于清代的北京内联升所制，且一直流传至今。新中国成立前为卖苦力者及练武者所穿。

气眼儿鞋也是布鞋的一种，流行于中原地区。此鞋男女皆穿，是一种最富装饰效果的深脸鞋。鞋帮用三块料组成，对布料要求较高，多用条绒、直贡呢、金丝呢等结实布做。前面一块的中间有一个圆弧状的"舌头"，舌头两边由两块打拐的帮子相连。帮子上各钉一排三四颗气眼儿，用于穿鞋帮。气眼儿鞋早年鞋帮线暗绱，不认脚；后来逐渐变成明绱，就成了认脚鞋。此鞋虽做工费时，但穿着舒适、保暖，四季皆宜。

带盖儿鞋，是布鞋的一种，流行于 20 世纪三四十年代的中原一带。此鞋鞋口头上有一块伸向脚上方的"盖儿"，穿上后，半圆弧形的"盖儿"紧附脚背，美观又充满朝气，鞋底较薄，走路轻快方便，多为年轻男性喜欢。若是少年儿童穿用，缘鞋口的布常是红色镶缝，鞋口绱暗线，左右不认脚。

松紧口鞋，亦称"懒汉鞋""一脚蹬"，是布鞋的一种，此鞋深脸，两边有松紧带，穿时容易、舒服。一般男人尚黑色，女人喜花色。有手工和机制两种。手工鞋多纳底，机制鞋为胶底或塑料底。

■ 鞋 底

鞋底，根据不同的特点，有三种解释：一是指鞋履的底部。根据穿着的不同需要，有皮底、草底、麻底、布底之别。形制有薄、厚、高、平、软、硬等多种，清梁绍壬《两般秋雨庵随笔》卷八："宣和间，妇人鞋底，以二色帛合成之。"近人徐珂《清稗类钞·服饰》："高底，削木为之……缠足之妇女以为鞋底。"又："山西太谷县富室多妾，妾必缠足，其鞋底为他省所无。夏日所著，以翡翠为之……冬日所著，以檀香为之。"二是指鞋底，也称"外鞋底"。一般指鞋与地面接触的部分。其主要成分为橡胶。它的颜色和形状是鞋设计的发展方向。由外底、内底、半内底、勾心、衬垫和填心等构成，可以隔离脚与地面，缓冲地面对脚的作用力。外底与地面直接接触，受到弯曲、挤压、摩擦和外界环境的各种作用；内底直接承受人体重量，并将所受重力传递到外底和鞋跟，内底除受弯曲、挤压、摩擦的作用外，还受脚汗、鞋内湿度、温度等影响；勾心固定于皮鞋腰窝部的内底与外底之间，以加固皮鞋后部和支撑脚弓，使皮鞋腰窝有一定的弹性，保持鞋底、鞋跟的位置和形状；衬垫和填心用以填平鞋帮脚与内底结合处，提高鞋度的缓冲性和绝热性。三是指外底、中底、内底的总称。

　　纳鞋底，手工做布鞋的一道工序。将若干层浆好的袼褙放在一起剪成鞋底样。用夹板夹紧鞋底子。纳鞋底时，放夹板于两腿之间，然后用针、顶针儿、锥子、钳子等工具，一左一右穿针引线。纳鞋底用的是多股单线合成的"绳子"，或细麻绳。鞋底针脚图案要求横竖成行，斜看成趟。有的姑娘还在送给情人的鞋底上纳出美丽的图案，她们每纳一针便在底上绾一个疙瘩儿，用无数个绾结的绳子疙瘩儿组成牡丹、莲花等。纳鞋底最有名的是千层底，亦称"油饼底"。用结实的、大小相同的三层白布打成袼褙，然后用裁成斜条的白布包边，再把这些包好的底子一层层叠好，层与层之间还加上用细白布条儿包鞋沿，再用麻绳纳好，即成"千层底"。千层底最难做，不仅布料讲究，还要技术精湛。厚层多、

▲ 顶针儿

密实好看、整齐洁净，不少姑娘在纳底子时，为使鞋底的包布洁净，多用毛巾垫住自己的手。民间在男女订婚时，姑娘必送一双亲手做的新鞋给自己未来的丈夫，这种鞋底都用于姑娘做定情鞋的底子。

顶针儿，是纳鞋底的工具之一。其形如戒指，戴在中指上，一般用铁或铜做成。纳鞋底时，针很难穿过厚厚的底子，就用顶针儿顶住针屁股用力推出，方能抽出针儿，继续一针一针纳鞋底。

夹板子，是纳鞋底的工具之一。厚的鞋底得用夹板夹住，才能扎针纳底。夹板由三块木板、两根绳子和一个小小的木棍儿组成。三块木板恰构成一个"H"字母，横板上面绕一个绳圈儿，圈儿正中再下垂一个绳圈儿，下垂的绳圈儿穿过横板正中的小孔，由下边的木棍儿绊住。夹鞋底要松要紧，全由这小木棍调节。欲其紧，绞动木棍儿，绳圈儿一拧便紧；欲其松，反过来绞动即可。还有种简单的夹板，两块木板三角而立，中间用两根活动横掌子。上面一根榫是活的，需夹鞋底时，下移；需去鞋底儿时，往上一磕，即松。

绱鞋，是手工制鞋的一道工序。绱鞋帮时，缝线在外，叫明绱。缝线在内的，叫暗绱。

缘鞋口是做布鞋的一道工序。为了使鞋结实即在鞋口处包一溜本色或异色布。

靴掖靴筒中的小夹层，多以皮或绸缎制成，内放钱币、名帖等物。《红楼梦》第十七回："贾琏见问，忙向靴筒内取出靴掖裹装的一个纸折略节来，看了一看。"清李光庭《乡言解颐》卷四："世有轻如袖纳，重异腰缠，比带胯而不方，视荷囊而甚扁者，靴掖是也。零星字纸，以靴掖盛之，便于取携也。"

替鞋样子，也是做布鞋的一道工序。妇女做鞋后都存有鞋样子，鞋样子一般是大块纸或布剪成。做新鞋时，按合意的鞋样子描出，剪下即可用。这一过程就叫"替鞋样子"。

■ 鞋 垫

鞋垫是鞋的一种配件，是安放在鞋内底上与脚底接触的部件。它放在鞋中柔软又温暖，能使鞋内底部完美清洁，排除脚汗并吸湿，使鞋内底平整光滑，穿着舒适。鞋垫，古称"礴""礴余""屦"。《广雅》曰："礴余，屦也。屦，履中荐也。"鞋垫的历史很悠久。新疆唐墓出土的彩织宝相花云头锦鞋，就放置一双由黄色纹绫做成的鞋垫。可见至迟在唐代已有了鞋垫。鞋垫的样式很多，而绣花鞋垫则是其中最有特色的。相传唐宋时期，土家族地区的手工布鞋和绣花鞋垫，因其制作精美细腻，纹样宝贵吉祥，曾一直为朝廷纳贡之用。

绣花是中国民间古老技艺，在鞋垫上加进了刺绣，便成了一件美好的艺术品。妇女们为了表达对亲人的爱和祝福，不惜千针万线，纳制出许多漂亮的绣花鞋垫，伴随着亲人们走四方。手工绣花鞋垫根据工艺可分为刺绣鞋垫，割绒鞋垫，十字绣鞋垫，圈绒绣鞋垫等。主要绣法有：

挑花绣，亦称"十字绣"，是很古老的一种刺绣针法。用料多取平纹棉麻布，这种布的经纬线排列出井然有序的沙眼。刺绣者事先在鞋底画上或利用画布经纬线抽成经纬方格，然后依格下针。多用十字针法或斜行排列法相组合，绣出"米"字纹、方形、菱形，组织成几何图案，也可绣花鸟，嵌绣文字。

贴布绣，也是一种传统的民间绣法，又称"补花""贴补花"。把机织花布上的花纹图案剪下来，贴在鞋垫布上，用与图形相协调的线沿边缝好，图面上也略作刺绣。最后，为求鞋垫平整，要密密麻麻地纳绣一遍。要规整包边。

剪纸贴花绣法，是将要绣的图案先剪成一幅剪纸，而后贴于鞋垫上，再用平针绣线覆盖完成。此法由于应用了剪纸的样式，显得古朴浑然、看上去略带立体感。

割绒绣，俗称"割花"。将两只剪好的鞋垫面料的正面对合起来中间夹上两三层硬纸板，摞成后稍作钉缝，贴上或画上绣花纹样，用细毛线纳绣花纹，纳绣毕，将表面的线头用糨糊粘贴结实，待糨糊干透以后，用锋利的刀子从两个鞋垫之间割开，便做成了一双图案对称的绣花鞋垫。

平针绣法，是种较为普遍的刺绣方法。将选好的图案草稿勾画于鞋垫上，然后用平针直接绣制。除了妇女们收集、保存的传统鞋花图样外，还可自己创造构思。平针绣法要求针脚排列须整齐均匀、不露底布，乃为上品。

■ 鞋 花

鞋花属于鞋饰，是供人绣制鞋花的底样，也是民间剪花的一种，指做鞋帮、鞋面绣样的剪纸，是广大劳动妇女及走村串乡卖花样剪纸的艺人所创，是研究传统鞋饰和鞋俗的重要资料。早在清末至民国初年，沔阳（湖北仙桃市）一带就有以卖花样谋生的剪纸艺人，他们收徒传艺，并自发成立了剪纸同业公会，交流传习剪纸技艺。当年所卖花样以鞋花居多，有上百种不重样。可见绣鞋民风之盛。相传，嫘祖在树下歇凉，正午的阳光透过树林把花和叶影映在她的鞋尖上，她感到这样很美，就照着花叶的投影剪出花样，绣在鞋头上，果然满鞋生辉。经她这么一开头，宫女们纷纷模仿，绣鞋习俗就这么流传开了。

■ 鞋 楦

鞋楦古称"楥"，俗称"楦头"，制鞋用具之一。东汉许慎《说文解字》曰："楥，履法也。"据南宋吴自牧《梦粱录》卷十三"诸色杂货"载，当时出售杂货中就有"鞋楦"。明方以智《通雅》卷四九"谚原·楥"云："鞋工木胎为楥头，改作楦，至今呼之。"其制削木为足形，填鞋中以合足式。多由前掌、后跟及中间若干厚薄不等之木块组成一付。

鞋缝透后，将楦头填入，从中间撑紧然后喷水令湿，从四围敲击使其丰满、美观。

■ 鞋 拔

鞋拔，是汉族地区人们着鞋的一种辅助工具。它因地而异，有许多名称，如山东叫"鞋抽子"，山西叫"鞋斗子"，徽州话叫"鞋溜"，中原官话叫"鞋溜子"，客家话叫"鞋绷子"等。有的地方方言叫"小耳朵"。别看它是小东西，但和鞋履密切有关。鞋拔是随着人们的穿鞋需要而诞生的。人类创造它，经过了漫长的历史时期。

大家都体会到，穿鞋时如果鞋子紧了些，每次要费很大的劲，才能把它穿进去。如果有一样东西，能帮助脚顺利而又舒服地穿到鞋里去，该有多好啊。于是，人们就开始创造性地探索。仔细研究人类发明鞋拔的历史，是件有趣的事。起初是将一条布带或布头，缝在鞋的后帮跟口上，穿鞋时，用手拽住，往上拉，再把脚往里一蹬，就进去了。这条带，民间称之为"提鞋巴"，东北方言叫"一提溜"。这种"鞋提巴"，最早起于哪个朝代，现在尚不得而知。但根据现

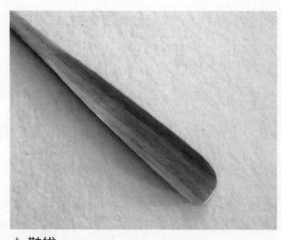

▲ 鞋拔

有的考古实物资料判断，至迟在宋代已经有这种提鞋带了。湖北江陵宋墓出土的宋代小头缎鞋，江西元墓和江苏扬州明墓出土的尖头方鞋，乃至清代皇宫皇后所穿的凤头鞋，直到当代南方纳西族的绣花鞋，这些鞋的后跟，大都多出一块布，用来提鞋。这种"鞋拽靶儿"就是我们今天看到的鞋拔子的雏形。

后来，人们觉得这鞋后帮拖上一条尾巴，影响鞋的完整和美观。于是有人就创造了一种代替品——鞋拔。古代的鞋拔是用兽骨、牛角、铜、象牙等为材料，制成形状像一小牛舌的物具，一般长 3 寸左右，宽 1 寸余，中间微凹形（仿鞋根形），向内稍有弯度。上端稍小，柄部有眼，平时可以串线悬挂。下端扁宽，并向内凹，其形正好贴于足跟。当脚伸入鞋中，足跟紧贴鞋拔，顺势蹬入，脚就进去了。然后将鞋拔抽出。对这种鞋拔，清李光庭在《乡言解颐》一书中写道："男子之鞋只求适足，而若其峭紧者，则用鞋拔……拔之，提之使上也。"他还写了吟咏鞋拔的诗："但知峭紧便趋奔，不纳浑如决踵跟；适履何人甘削趾，采葵有术莫伤根，只凭一角扶摇力，已没双凫沓踏痕；直上青云休忘却，当年梯步几蹲蹲。"这首诗反映了鞋拔的功能，是利用其"一角扶摇力"，帮助人们使脚轻松顺利入鞋。当时宫廷和民间都大量使用铜鞋拔，对穿各式布鞋最为方便。在江南各地，这种鞋拔还是姑娘出嫁时不可缺少的陪嫁品呢。

随着社会的发展，人们在普通鞋拔的基础上，将其艺术化，产生了带有各种装饰的鞋拔，变成了一种既实用又可鉴赏的工艺品了。首先，加长了鞋拔的长度，使在拔鞋时不要弯腰。传统的铜、骨质鞋拔，已越来越少，质料以塑料居多。其次，在鞋拔顶和片身上雕刻了文字和图案，如鹿首、孔雀、鸳鸯、佛手等。特别是一些贵重木质鞋拔，会在顶上雕刻鹿头，鹿角高耸，鹿嘴微翘，形象生动逼真，成了令人喜欢的艺术品。许多收藏家对鞋拔情有独钟，都在想方设法收藏。

第二节 各种样式的鞋子

■ 制木屐

嘎哒板，先制柳木底板，后在木板下前后竖立两块板，约2寸高，钉实。沿木底前半截周围钉布或皮，成筒形，可入脚。像现在的拖鞋，板后穿两根麻绳，穿时系脚背处，穿起来发出"嘎哒，嘎哒"声，故名"嘎哒板"，可用于雨天走泥泞路。

宁波木拖鞋，宁波着鞋习俗。宁波俗语，即木屐。以1～3厘米厚硬木板为鞋底，系上绳带或橡胶皮带，用脚趾拖着行走的木鞋。其材质一般市民都用松木或杂木制作，鞋帮用软皮钉在鞋沿即成。个别人家有用"花梨木""楠木"等名贵木材制作，鞋帮有用五色彩带系成的，有的还在鞋底钉上鞋钉，走时发出金属碰击声。在宁波三角地一带的居民，几乎每隔几户就有人家制木屐出卖，有些鞋贩挑着担子穿街过巷叫卖："木拖木拖三年好拖！拖了三年还可烧火！"宁波木拖鞋历史悠久。1988年在宁波慈城镇慈湖西北的一处新石器时代遗址，

发现两只 5000 年前长约 21
厘米，头部宽约 8.4 厘米，
跟部宽 7.4 厘米的木拖鞋，
一件为五孔，一件为六孔，
孔与孔之间有凹槽，用双带
式和人字带系鞋。

▲ 东莞木屐

东莞木屐，民间制屐习俗。东莞木屐的制作，一般是屐匠先把木头雕琢成各种不同规格的屐坯，然后漆上油漆，画上花草，钉好屐皮，这样，一对木屐就可穿用了。有时屐皮是按顾客脚板大小而钉上去的，卖屐的剪下顾客中意的屐皮，然后挥起屐锤，用屐钉把屐皮钉在屐边上。大洲有个叫"胡须容"的，有武功，钉屐从不用锤子，用手指把屐钉敲进屐坯里，令人惊讶不止。木屐有素屐和花屐两种，素屐是不上油彩的，花屐则画上花草，色彩绚丽，无疑是一件艺术品。木屐有平跟的，也有高跟的，任君选择，各得其所。桥头的制屐业十分兴旺，在桥头墟就有义兴、广昌、义兴隆、广义聚等屐铺，中和墟也有昌兴屐铺。屐铺的格局一般是前厅作门市，后室是作坊，也有工场同门市在一起的。过去虽然赤脚的人多，但晚上沐浴后还是要穿木屐的，因此，木屐的需求量很大，屐铺常年生意兴隆，有些名屐铺供不应求，要从外地组织屐源才能应市需要。如今穿木屐的人少了，大都改用了人字拖或十字拖鞋。屐铺成了鞋铺，或者改做其他生意，一些专司制屐的师傅也改了行。制屐的能工巧匠，早已改行了。但高兴时他们还会露一手，制作一对精美的花屐给友人作"纪念"。

■ 泥屐儿

泥屐儿，亦叫"泥屐子"，一种雨天穿用的木屐。屐的木底在制作时，由木匠们拼做而成，即用一块比男人脚稍大的结实木板，最好是往上翘的，两头凿出腿儿来，然后再做两块屐齿，形状多下稍宽上稍窄，安实于屐板上。最后用结实麻绳拴于屐齿跟部，引出绳的两端作系脚之用，这叫"系绳式跟屐儿"。也有用整块木头掏做，木料常用粗大的柳树的树根，用斧砍刨刨，弄平屐面后，掏出腹中多余部分，剩下两头又宽又厚的两个屐齿，然后在腿底部横钻一个眼儿，以作穿绳之用，这叫"掏底系绳式泥屐儿"。泥屐儿一般较矮，高可寸余，太高不稳易挫伤脚。为了防滑，有在两腿上钉上铁齿。冬天下雪时穿棉鞋再拴上泥屐儿，是很温暖的。

拖鞋式泥屐儿，其屐底也用拼底或掏做，差别只在于屐面上。一种是在屐面上钉一块橡胶带或帆布带；另一种先用革编一个大鞋头，再将大鞋头编在或缚在屐板儿上，穿时连脚带鞋拖着走路。

■ 草编鞋

草嗡子，一种用草编成的雨鞋，流行于中原地区。草嗡子形如草船，鞋面用麦秸、稻草编成矮口袜状，有用纯草编的，也有用细麻绳勒的，后种较结实，鞋底为一块木板，底上有腿儿，穿时连脚带鞋一块穿，是男人冬季防水御寒的套鞋。

蒲窝子，以蒲草制成的暖鞋。深帮圆头，里面有鸡毛、芦花等物。明清时民间冬季穿用。《儒林外史》第四回："那时在这里住，鞋也没有一双，夏天靸着个蒲窝子，歪腿烂脚的。"

毛窝子，以蒲草编制。内有毡绒、芦花或鸡毛的暖鞋，流行于长江下游地区。《负曝闲谈》第二十九回："回头再看王霸丹，身上一切着实鲜明，就是底下跩着双毛窝子。"有些低腰的厚靴，宽松随脚，深受老年人的喜爱。俗称"毛窝"。

■ 乾鞋和坤鞋

在古代，为了表示男女有别，男的为乾，女的为坤。男鞋叫"乾鞋"，女鞋称"坤鞋"。后者鞋头呈圆形，坤鞋要纳帮，鞋帮从下而上逐圈纳起，有的纳上数圈，有的纳大半截子。坤鞋面饰物是六朵小梅花，或其他花朵，大小若拇指，一边三朵，从头至跟，等距排列；也有在鞋跟两边各绣一朵的。在鞋脸两帮相接处，有彩线环勾的小花小叶。老年妇女较喜爱穿着宽松的坤鞋。古代在举行婚仪中，新娘除凤冠、霞帔外，还须穿着色彩鲜艳的坤鞋。作为婚鞋，一般是鞋面为粉红或大红色，鞋尖处还绣着双喜图案或牡丹之类花卉象征吉祥的花样，以图吉利。

■ 制棉鞋

鸡窝子，旧时汉族民间传统棉鞋，流行于青海地区。鞋为两片，垫上羊毛或棉絮，密密缉过，两片缝合处用骰子皮（生牛皮制成革后缂下的细条）缉成一条楞状，鞋底由 7 层褙布叠成，一般厚 2 寸多，最厚的达 3 寸，上布下皮，既结实耐穿，又暖和如鸡窝，故名。

壅壅靴，棉靴之一，前后靴帮留壅壅，帮沿用皮线包缝加装饰，故称。

老头乐，又叫"暖鞋"，一种棉布鞋。大多为老人冬季御寒之用。有袼鞋帮放棉絮，暖和柔软，外形古朴。20 世纪 30 年代北京"内联陞"鞋店所生产的棉布鞋，是该店的传统产品，被人称为"老头乐"。

福字立头鞋，是布鞋的一种，流行于 20 世纪 30 年代的中原地区。此鞋为老头鞋，常为那些家境殷实、儿女孝顺的老人享用。鞋为黑色，鞋头处贴一块深色布，布上绣一金色或本色"福"或"寿"字，所贴布边沿儿压上一道或两道辫子，彩色本色均有。辫子多呈云纹或"富贵不断头"图案。送"福"字鞋，是对老年人最好的祝福。

毛嘎蹬，一种高腰皮靴，流行于山西北部地区。晋北气候寒冷，御寒靴类多以毛皮制作。高腰的由羊毛碾成，故称"毛嘎蹬"，齐膝盖长，骑马坐车，走泥踏雪，最为适宜。

■ 三块鞋、槽鞋和皮底布面鞋

三块鞋，亦称"三块瓦"，是一种布鞋，流行于 20 世纪 40 年代的中原地区。其鞋面用三块布缝成，其布料须是黑色洋斜纹布，鞋帮绱暗线，鞋头大。女人的三块鞋，鞋口处饰各种花卉图案，都是横条绣五朵等距离小花，花前再压一条彩色花辫子，同时，在两边鞋口处下方，也缀两道红或绿色窄些的花辫子。男人穿的较少装饰，一般在前鞋口处压上两条本色辫子，压的式样多为交叉盘绕状，两边还缝以极窄的本色辫。

槽鞋，布鞋的一种，流行于中原地区。20 世纪 40 年代初的年轻女人穿着较多。槽鞋形如喂牲口的木牛槽子。其鞋帮宽不到一寸，鞋脸儿较短。鞋面一般用红、绿绸缎。两侧均绣花，一边三朵。鞋脸尖部有一簇大若桃子的水红缨子。走起路来晃动着非常漂亮。穿槽鞋时须与洋花袜子相配。

皮底布面鞋是一种以皮为底，以布为面的鞋子。其底纳线，全靠人工用两把空心锥子引线制作而成。

■ 钉鞋、雨鞋和油胶鞋

钉鞋，亦称"钉靴""钉鞬""丁鞋""钉靴""钉履"。一种鞋底有钉的雨鞋，可防滑跌，多用于登山。亦有以此为雨鞋，鞋面上涂以油蜡。流行于全国大多数地区，尤以江南为盛。夏代称"桐"。《太平御览》卷六九八引《晋书》："石勒击刘曜，使人着铁屐钉登城。"《文献通考》卷八十四："卫士皆给钉鞋。"《资治通鉴·唐德宗贞元三年》："着行縢，钉鞋。"元胡三省注："钉鞋，以皮为之，外施油蜡，底着铁钉。"清赵翼《陔余丛考·钉鞵》：明代百官入朝，遇雨皆蹑钉鞋，声微殿升。此鞋一般用牛皮制成鞋面，在鞋底上钉上圆头的铁钉或装铁齿，向外突出，很耐磨，再涂以桐油，使之不漏水。有重4～5斤者。旧时在农村，能制置钉靴的，多属小康之家。清赵翼《陔余丛考》卷三十三："古人行雨多用木屐，今俗江浙多用钉鞋。"清李鉴堂《俗语考原》："叶适诗：'火把照夜色，丁鞋明齿痕。'丁鞋，即今之钉鞋也。"

雨鞋，指后帮高在脚踝骨以下，由橡胶、聚氯乙烯、聚氨酯为原料，适于雨天穿用的鞋。

油胶鞋，以布块纳叠五层或三个五层，每叠浸桐油五天，浸后晾干，再以麻素织成鞋底，这种鞋底，一般用棉鞋底，下雨天不怕水浸鞋内。

油壳篓，是中原地区一种小脚女人穿的鞋子。油壳篓分夹、棉两种，皆黑色。夹鞋油壳篓，亦叫"油鞋""壳篓子"。油鞋底子比一般夹鞋厚一倍。鞋帮用多层"布铺衬"密缝密纳。鞋做好后，用桐油反复油上三四次，坚硬若木，不易变形。其穿法有两种：一是套穿，即穿袜穿鞋套进油壳篓；二是"骟穿"，即穿袜穿油壳篓，所以它比普通夹鞋要高大。棉鞋油壳篓，亦叫"油靴"，为冬季御寒穿用。其鞋帮纳棉絮比普通棉鞋厚，鞋腰儿比油鞋高，甚至有超过脚踝的。

■ 屐桃、花屐与花鞋

民国前，潮汕缠足妇女穿用尖头屐，因形如桃，故称屐桃。因其底为木质，故称屐。屐带为黑布缝制，屐头开口或不开口。有绣花者，称为绣花屐或红屐桃。如垫以"胶襞"，就成为绣花鞋。在潮汕一带，人们常说起的所谓"三寸金莲"，就是指绣花屐桃和绣花鞋。

▲ 鞋模

花屐是一种供妇女穿用的木屐，流行于雷州等地。花屐比其他木屐更矮一些，更小巧玲珑，屐面涂上漆油并绘有花虫鱼等图案，屐底钉橡胶片。所以花屐既美观，又耐用，成为一时新颖用品，深受富裕人家，尤其是年轻妇女青睐。

花鞋，流行于浙江丽水地区。男子穿青色面，稍有花纹的蓝色布底鞋；女子穿绣花红短穗布底鞋。

■ 绣花鞋、小脚鞋与放脚鞋

绣花鞋，又称"绣鞋""扎花鞋"，妇女穿的鞋面绣有图画或图案的鞋。绣花鞋原指小脚女人鞋，20世纪20年代以后，提倡放脚，小脚初解放后，成半小脚，少女不缠脚而用白布裹脚后缝之，称穿半袜子。因穿半袜子使脚变小而瘦长，晋南称"油葫芦脚"。这种绣花鞋，多在圆口鞋上饰绣，有仅绣鞋头的，有鞋头鞋帮都绣花的。在山西，绣花鞋或红或绿，或蓝或紫。绣的吉祥图案有祈求幸福的，有祈求富贵的。妇女们在喜庆佳节、走亲戚时都要穿新制的绣花鞋，以此炫耀自己的手艺。

小脚鞋，缠足妇女所穿之鞋。据史料记载，我国女子缠足始于五代南唐，对四五岁幼女强制实行缠足。由于幼女在未成年之前，骨骼较弱，用较长的布帛包紧缠裹，折断其第二、第三、第四、第五共四个脚趾，留下一个大脚趾作为缠裹后的足尖，四趾折于足下，足形呈三角形。布缠裹意为不变形，经数日定形后，再套上素袜和合乎这种短小足形的鞋，即小脚鞋。此鞋大部分为布织绣花，也有用皮制的。小脚鞋一直延续到清代，成为上至宫廷下至民间妇女普遍的生活用鞋。

放脚鞋，又名"半大鞋"。旧时妇女缠小脚，新中国成立后，提倡妇女解放，男女平等，妇女彻底放开了裹着的脚。放开的脚，虽不能恢复天足模样，但毕竟舒展开来，变得大些，俗称"半大脚"，因此才产生了"半大鞋"。这种放脚鞋，仍未摆脱大脚跟、小鞋尖的基本模样，只是稍长些。当时商店有售，大、小、黑、蓝皆有，但它用胶底取代了布底、木底，规格上也变得统一起来。

▌棕鞋与芦花鞋

棕鞋也称笋鞋，在浙江南部温州，妇女多以笋簪叠为鞋底。这种鞋，穿起来不仅干燥、轻快，而且在暑天会吸脚汗，故有"夏月棕鞋惟温州"之称。

芦花鞋是一种以蒲草、芦花制成的暖鞋。大都以棕麻为底，蒲草为帮，内絮芦花。冬季着此可御寒冷，男女皆可着之。近人徐珂《清稗类钞·服饰》："芦花鞋，北方男子冬日着以御寒。江苏天足之妇女，亦喜蹑之。"周振鹤《苏州风俗·服饰》："男女履屦，率于售自市上……雪雨时，多御皮鞋及橡皮套鞋。贫家则穿屐及芦花蒲鞋。"

知识链接

给布鞋"打袼褙"

袼褙，是手工做布鞋的主要材料，流行于中原地区。用碎布、碎麻或旧布加衬纹裱成的厚布，多用来制布鞋。有布袼褙、麻袼褙和铺衬底袼褙三种。袼褙不同，对材料的要求、具体的做法、使用的部位都不尽相同。如布袼褙原料为较厚、结实的大块旧布，用白面熟二半糨糊将布浸透浆好，再放在木板上一层层铺抹二半糨糊，一般一两层，乾后用于做鞋帮子。又如麻袼褙

△ 打袼褙

原料为碎麻、乱麻、旧麻绳等废料，用旧木梳捋其梳捋蓬松，去尘理净备用。搬出木板，一般多用面板和门板，铺一层麻绺儿，抹一层二半糨糊，一层一层地铺，一遍一遍地抹，晾干即可，一般用于纳鞋底。还有一种叫铺垫衬底袼褙简称"铺衬底"。手工做布鞋材料，流行于中原地区。原料为碎布。用二半糨糊将其浸透，再一层层铺抹，一般铺碎布三四层粘为一块，干后使用。因是布铺浆而成，所以做鞋底较好。

打袼褙，是民间手工做布鞋的一道工序，袼褙为做布鞋材料。打袼褙时，先将小麦面、榆皮面或谷面、高粱、玉米面选一种，打成熟二半糨糊，俗称"半强浆子"。再找一块较大的木板做袼褙底板，以便粘贴，粘贴时为防止袼褙在底板上难揭或起毛儿，得先铺一层树叶子，或纸张，再铺上浸透糨糊的布或麻绳头，铺一层抹一层二半糨糊，根据所需铺抹几层后，将其晾干，用于做鞋帮子。

中国古代鞋帽

第四章
鞋履与地域文化

　　鞋的发展经历了数千年的历史。在这数千年的发展中，鞋在记录了人类生活轨迹的同时，也受着多种因素的影响。其中，一个时代、地域文化的烙印最为明显。

第一节　如日中天的川蜀鞋文化

■ 川蜀"靴鞋王国"

在成都武侯祠的"三义庙"中，蜀地"靴鞋行众姓弟子"拜蜀汉王刘备为鞋业祖师爷的《神圣同臻》悬匾，直接印证了靴鞋文化是当地蜀汉主流文化的重要组成部分。刘备在蜀地建国后，大力扶持当地优势产业。鞋业得到了空前的发展，蜀鞋品牌遍及魏、蜀、吴三地，成为蜀国名特产。从此川蜀地区的靴鞋业逐步形成了产业大集群，产业集群的子民集体推崇蜀汉王刘备来统领鞋履产业王国，祈盼"靴鞋王国"的门第与荣耀趋同于"蜀汉王国"。由于蜀汉王当家，使蜀地靴鞋业很快提升为国家首要行业。《神圣同臻》悬匾内容也映射出既是蜀汉之"圣"又同是鞋业之"神"的刘备在鞋史上的丰功伟绩。

川蜀的靴鞋业集群自认蜀汉王刘备为鞋业的老祖宗，这在华夏靴鞋行当中实属离经叛道的大不敬行为。因为此前，我国的靴鞋业大多已公认春秋战国时期的孙膑为靴鞋业祖师爷。如北京靴鞋行在前门外财神庙建孙祖师圣殿，每年正月二十八举行祭祀孙膑的活动。南京皮匠们每年农历九月十三，都要聚会为孙膑祖师爷举行祭祀活动。武汉靴鞋业在汉口建造孙祖阁设为鞋业公会的会馆，制鞋做靴的手艺人每逢新年伊始香火祀奉孙膑始祖。

■ 自立山头

北京靴鞋行孙祖殿里的碑刻记载道："孙祖归圣以后，曾奉御旨封为鞋行祖师，各省建立祠宇，传流久矣。"按照碑文的释义，在孙膑仙逝后（前316年）被钦定为鞋业祖师爷。而蜀地靴鞋业众弟拜刘备为始祖，是建立蜀汉国（公元221年）以后的事件。依此计算，拥戴刘备为祖师爷的年代比孙膑祖师爷晚了500多年。蜀地靴鞋业在孙膑当了500多年的祖师爷后，竟敢"冒天下之大不韪"在蜀地另立山头，足以证实当时蜀地鞋业如日中天，底气颇足的史实，也释然了来自蜀国的谚语"三个臭皮匠赛过诸葛亮"的鞋业背景。反过来，"三个臭皮匠赛过诸葛亮"的谚语又是诠释蜀地鞋业自立师爷的最好注脚。

第一，不提更有技术含量的"衣匠""木匠"等，而偏提臭烘烘的"皮匠"，无疑证明了蜀地鞋匠在当时是强势流行的时尚行业，靴鞋业规模远远超过其他行业。

第二，三人成"众"，臭皮匠人多势众，而众多杂糅的蜀地靴鞋业要强化对外的竞争力，必须"圈寨拥主"才有可能维护本土的利益，同时业内也需要家规与王法来规范"臭皮匠们"。

第三，表达蜀地既有众多的"臭皮匠"群体实力，又有赛过"诸葛亮"的智力，"有智有勇"的靴鞋业群体才敢于标新立异自立家门。

第四，蜀地"臭皮匠们"是一个具有"敢破敢立"大无畏精神的群体。臭皮匠群体在智慧的化身——诸葛亮面前敢说"不"字，三个臭皮匠就能"破"了军师的神秘光环。同时也敢在"奉御旨封的鞋行祖师"面前再并"立"一个自己的祖师爷。

可以说"靴鞋业的悬匾"与"臭皮匠的谚语"是相辅相成、互为依托的。正是"臭皮匠"的精神，推动蜀地靴鞋群体善于走自己的行业发展之路。也正是在对群体思想的引领和导向作用上，在创建群体精神领袖、督查群体自律行为上，在铸造社会共同思想文化基础上逐步彰显出蜀地鞋文化的主流性。

第二节 独特的岭南八闽鞋文化

广东省和福建省同处祖国东南沿海之滨，粤闽两大民系同源于古中原汉族，特别是从粤东南至闽西南广大毗邻地区，文化传统、民情风俗和服饰文化大同小异。虽然粤闽两大民系的方言有别，但两地的方言主要成分同样都是古越语。同时从唐末宋初大量南迁的中原先人也主要聚居在粤闽地区，形成今天的"客家人"群落。客家人把中原的民风习俗、衣冠服饰带到了粤闽地区，当与原住民文化结合后，岭南八闽地区形成了独特的鞋履文化。集中反映在以下三个方面。

■ 海洋文化中的民风鞋俗

同处于东南海之滨的粤闽民系是创建我国海洋文化的先驱者。粤闽先民如同北方民系"下关东""走西口"一样，长期以"闯南海"、"走番邦"的形式向海洋求生存之路。为了抵御海洋捕捞业的风险，他们采用各种形式祈盼着人船平安、满仓而归。当有家人出海作业时，家中往往在神龛、仙位旁摆放一双平安鞋，或在橱箱木柜中放好一双压舱鞋，祈祷以命淘海的家人平安归来。粤闽先民在向海洋扩张中，世代走番邦、讨生涯的海外游子在返回"唐山"的老家时，也承袭了探家省亲的传统习俗。比如当长居海外的"番客"从南洋回故里祭祖、探亲时，老家的父母、兄弟姐妹都要为他举行古传的"脱草鞋"隆重仪式，进行接风洗尘。脱草鞋意味着亲人衣锦回归，异地有成，家乡的父老可赐他"退鞋小憩"的殊荣。草鞋乃粤闽区域传承远久、大众喜爱的中国鞋式，特别是家境贫困、出外打工的穷人一辈子只有"穿草鞋"的命，草鞋与贫穷捆绑在一起。脱草鞋意味着根在粤闽、淘海谋生的"番客"回"唐山"后在祖籍的亲人前终于可以脱脱鞋，喘口气了。同时也蕴涵着更深层的"脱贫"的意味。

粤闽地区的"金莲文化"与中原大地一脉相承，历年来粤闽民间文人与儒士崇尚着女子"脚小为美"的审美意识，并在粤闽地域独树一帜，自成一派。该区域缠足鞋流派特征是"短而肥、高呈坡"，外人俗称此种缠足鞋为"猪脚蹄"。同全国各地的缠足鞋流派相比属小巧玲珑型。

■ 粤闽地域客家群体鞋风情

岭南八闽地区的客家人是同源民系。在唐末宋初时期从中原南迁的衣冠士族成为客家人的主体，其衣冠鞋饰继承了中原历代的传统制式，鞋履的制式主要延续了"衣冠王朝"——唐代的鞋履。如客家女子常穿的绣花女鞋，其鞋"翘头昂首"之势极似唐代典型的翘头女鞋。由于客家人有着浓厚的"唐宋原乡情结"，在衣冠鞋饰上本能地抵制外族人入主的清王朝，保持着

▲ 客家绣花鞋

古代中原传统汉族服饰。比如，以客家人为主的高举反清义旗的太平军，提出了鲜明的服饰主张："穿号衣，戴竹盔，穿平头薄底红鞋。"明确排斥代表清代的典型的黑缎厚底鞋。在鞋履文化上反映出强烈的反清意识。

客家人先民在唐宋间向粤闽大规模迁徙时，正值南唐缠足之风盛起之时，客家人在避战乱、逃灾荒的快步南迁中既无暇缠足，又要迢迢赶途在穷山恶水之中。所以客家人虽是中原华夏后裔但无缠足之举，客家人迁入粤闽大地驻足后立即投入了重建家园的创业中，没有缠足的大脚妇女与男人同耕其耘，真正撑起了"半边天"。正如北宋诗人徐积所咏："但知勤四肢，不知裹双足。"至今客家妇女以天足著称，成为中国缠足史上的又一特例。

■ 粤闽地区少数民族鞋风俗

粤闽地域是我国畲族人的主要聚居地。据史料记载：早在公元

五六世纪时，畲族的先民们在岭南八闽的地域内，从崇岭到海域已创建了渔猎和农耕文化。在粤闽这片重峦叠嶂、林深路隘的自然环境中，畲族儿女充分发挥了向大自然索取生计的聪慧才智。他们就地取材创造了畲族人独家的鞋履文化：他们制出了木板鞋、草编鞋、蒲包鞋、棕皮鞋等。并巧妙地利用废弃的竹笋壳和碎布头制作了实用经济的绣花鞋用"千层鞋底"。畲族的草编鞋与一般草鞋外形相差甚远，在取材、吊耳、穿鼻等工艺和造型上多有独到之处，特征是前穿耳、后绣花、漏空趾、填实跟，十分耐用美观。由于在取材上掺用废旧布条，畲族草编鞋又称布草鞋。在广东的崇山峻岭中还聚居着瑶族兄弟，连州瑶族主要居住在粤西的连山、连南一带。这支瑶族妇女的尖头绣花鞋，不仅其图案活泼，色彩鲜亮，而且还在人生礼仪中扮演重要角色。如连南瑶族在婚嫁礼仪中，新娘子在娘家梳妆完毕后，依祖训必须倒穿一双草鞋才允许出娘家门，这表示永不忘怀父母养育之恩。新娘到了新郎家门口，要重新打扮一番，并换上一双新婚鞋才允许进入男方大门，这意味着新媳妇开始了新生活。

第三节　北方布鞋的地域性优势

在我国广袤的土地上，各地的气候、环境、物产、习俗差别甚大，致使我国历史上传统鞋业的发展出现明显的地域特征。

■ 北方布鞋的地域特点

我国多雨炎热的南方长江流域以草鞋、木鞋见长，四季分明的北方黄河流域以布鞋、绣花鞋为主，风寒地冻的西北地区多以毛皮、革制品做鞋。考古学的发现也佐证了传统鞋的地域分布。

1. 长江流域

1973 年中日两国考古学者科学考察表明，在太湖之滨的苏州草鞋山一带，先民们在 6000 多年前就已栽培种植水稻，并学会用稻草编织草鞋。同时考古学家在草鞋山发掘到新石器时代精美的玉雕草鞋一双，这是我国发现的最早的草鞋形象。1989 年在浙江

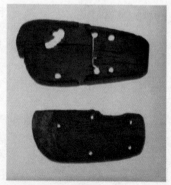

▲ 慈湖遗址的木板鞋

省慈湖遗址发现了新石器时代良渚文化时期的木板鞋，考古学家运用C14似测定为5000年前的古人遗物。

2. 黄河流域

据专家考证，在山西侯马出土的西周武士跪像所穿的布鞋，有着3000多年的悠久历史，是目前发现的最早的手工布鞋形象。1974年在陕西临潼发掘了被誉为世界第八大奇迹的秦始皇兵马俑，一个跪射俑的布鞋形象证实了2200年前，布鞋已被大量使用于军旅生活。

3. 西北地区

1980年考察队在新疆楼兰4000年前的墓中，在女性干尸脚上穿着一双比裹足皮进化的兽皮缝绱鞋，这是我国鞋史上最早的皮鞋实物。考古学家又在新疆哈密的五堡古墓中发掘出3000年前的高勒皮靴。

从我国北方黄河流域发育起来的布鞋、绣花鞋，根植于炎黄子孙的农耕生活中，是中原农业国中家庭经济必然的产物。布鞋的一切鞋材都来源于农民的种养和纺织。3000年前的《诗经·魏风》中首次用文字描述了地处黄河中游的古魏国（今山西省境内）的葛布鞋："纠纠葛屦，可以履霜。""葛屦"即指古人用葛布或麻布制成的布鞋；"纠纠"指当时的布鞋须由鞋带纠攀捆绑到脚上。《诗经·卫风》里"氓之蚩蚩，抱布贸丝"记载了黄河流域古卫国（今河南境内）的布与丝的交易，说明布鞋家族又增添了丝布鞋和绸布鞋。大约在宋末元初，棉花由印度和阿拉伯传入中国，出现棉织物布鞋。明初，朱元璋强制推广棉花种植后，棉花的织物棉布代替了葛、麻、丝、毛的织物成为布鞋最广泛的鞋材，当棉花织物成为布鞋的基本原料后，千层底布鞋应运而生。在男耕女织的自然经济社会里，家庭手工制作布鞋仅供自用，成为家庭妇女必要的女红技能。随着社会经济的发展，各行各业对布鞋的要求越来越专业，促使生产布鞋的手工作坊迅速崛起。特别是在中国近代鞋史中，棉布鞋成为北方地区黄河流域鞋类中使用和交易最大宗的鞋类。

■ 天津地区的近代制鞋业

清代中叶，地处黄河下游的北方最大的工商业城市天津以其优越的人文、地理、经济条件一跃成为中国布鞋生产发展的龙头老大。特别是处于"九河下淌"的天津是北方重要经济作物棉花集散地，清末民初河北、山东、河南、陕西、山西甚至新疆的棉花源源不断汇集天津。除了满足本埠纱厂的棉花需求之外，大部分出口。据现有资料显示，天津在 20 世纪二三十年代棉花的出口量占据全国的头把交椅。原料的优势促进天津市及其腹地农村原始的制鞋手工业，20 世纪初天津轻纺工业异军突起，投资额、工厂规模和纱锭总数居东北、西北和华北之首，一跃成为中国北方最大的轻纺工业中心。

逐步从自给性的家庭用鞋过渡到为社会生产的近代农村手工业，天津城乡发挥各自的特长承担着布鞋生产链中的一个环节。据天津解放初期的资料，仅天津市区布鞋生产网络中就有上千家作坊和铺店，其中包括：打布夹（做袼褙）、鞋花样、裁鞋帮、沿鞋口、纳鞋底、绱缝鞋，以及各种专供鞋料和成品鞋的大小商店。据不完全统计，清末民初以来，天津市已经拥有20多家老字号布鞋商店。如1898年始创业的"德华馨"鞋店，1904年开业的"同升和"鞋店，1911年创办的"老美华"鞋店。1900年以后开办的著名字号布鞋店还有"日升斋""联兴斋""美华鑫""集升斋""金九霞""凤祥号"等。

在近代天津布鞋产业大发展的环境中，大量天津人走出去，进军他方开发津派布鞋。如1842年天津人在北京前门外鲜鱼口，见开了第一个"天"字打头的"天成斋"鞋店；同治年间，发展了分号"天源斋"鞋店；清末年间续开了"天利斋"鞋店；民国年间又开了女鞋专卖店"天华馨"鞋店。天津人的"天"字头布鞋店占领了北京前门大街平民百姓的布鞋市场。1853年天津人在北京东江米巷（今台基厂）办起了"内联陞"鞋店，成为皇族、官宦的高档鞋店，故当时的北京人有"富人买鞋去内联升，穷人买鞋进天成斋"之说。内联升与天成斋两大字号的津派布鞋成为京都市民的时尚产品。清末民初时天津的"老九霞""老美华"鞋店又陆

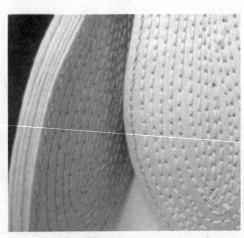

△ 千层底布鞋

续在北京大栅栏开设分店，1932年天津"同升和"鞋店在北平王府井大街设立了分店。

清末天津人张鸿书的父亲在安徽蚌埠开了"三级鞋店"，由天津人刘玉珊当掌柜。刘玉珊曾在天津"日升斋"鞋店学艺，他把天津著名的千层底布鞋传到了安徽。这种千层底布鞋比当时皖北一带老百姓穿的单层底鞋要结实和考究，深得市场青睐。为防假冒，他在店门口挂匾"天津千层底鞋，松鹤为记，只此一家，别无分店"。三级鞋店生意越做越火，1920年左右刘玉珊又在南京开了两处鞋店。一处是南京三山街口久大鞋店，另一处是南京下关的庆源义鞋店。

民国时期天津人在西安市南院门开设了"鸿安祥"布鞋店，不但货真价实，而且保退保换，从而赢得顾客信任。当时流传的顺口溜中有"金银首饰老凤祥，购置鞋帽鸿安祥，要买百货慧丰祥"之传。至今鸿安祥仍是西安最大的百年老字号。

为何天津民族手工业均受益于天津交通发达、文人荟萃、商贾云集的优势，而偏偏是制鞋业独占鳌头呢？主要取决于以下两个因素：

第一个因素是天津特定的历史渊源。唐中叶以后，天津成为南方粮、绸北运的水陆码头。在元明时期更是巩固了其漕粮转运中心的地位，使得天津具备源源不断的制鞋的原材料——绸缎和布匹。当时民间有一句顺口溜"一日粮船到直沽，吴罂越布满街衢"。特别是1908年天津开了第一家"瑞蚨祥"经营南方优质绸缎布匹后，天津制鞋业的鞋料必用瑞蚨祥供货。明朝朱元璋称帝后，封其四子朱棣为燕王镇守天津，初设津卫。由卫而城使得天津兵民杂居。军鞋战靴的大量需求培养出一批制鞋匠人。在明朝永乐年间（公元1403—1424年），燕王朱棣扫北大军中，天津武清区下伍旗镇"刘皮庄"有一刘姓匠工在营中专为兵士修补鞋子等装具，为大军克敌制胜立下汗马功劳。燕王犒赏刘部分官田，准其立村建庄。于是始建"刘皮匠庄"，历经演变简化为今名"刘皮庄"。明朝崇祯年间（公元1628—1644年）天津武清区崔黄口镇"南县豪村"有高姓人家在此定居，以生产缝制线度日，所纺之线，白匀如毫，始成村后得名"线毫村"，后来口传演绎成"县豪村"。到了清朝末年，扩编成两个村落，此村居南，故名"南县豪村"。

　　第二因素是天津独特的人文条件。自明朝初期燕王朱棣屯兵天津后，从军经商的吴人大量涌入，遂为天津卫的主流人口。南北杂居、兵民一体的人文状况促成天津人的特质中既有北疆与士兵的粗犷又有江南与商人的细腻，既敢于参与激烈的市场竞争也具有良好的商业道德。我们以"老美华"鞋业的创始人庞鹤年为例，可品味出人文因素对鞋业老字号的贡献。1911年初冬，精明干练的天津宜兴埠人庞鹤年在天津老南市口进行商业考察，经过几天调研，决定选址在南市口一处非常突显的三层店铺（现南市口和平路74号），该店铺近300平方米，位置四通八达。从东马路、和平路、荣吉街、海拉尔道等四个方向都能光顾这个店，庞鹤年就认定此风水宝地为鞋店的门脸。选址定下来了，要经营何种鞋产品呢？庞鹤年又用了近半个月的时间进行市场调查。当时天津已有经营皮鞋的"沙船"，有经营布鞋的"德华馨"和以缎面鞋闻名的"金九霞"等老一代名牌产品，但唯独没有为缠足妇女经营小脚鞋的鞋店，所以他决定要为缠足妇女开家专营坤鞋的鞋店。但由于当时两位天津民间人士宝复礼、丁家立已经倡导成立了天津"天足会"，他们以组织的形式提倡去除妇女缠足的陋习。天津教育工作者胡玉孙作词、张幼臣谱曲的《劝放足歌》亦成为当时上至师范下至小学必学的内容。甚至天津严范孙严氏女塾也都要求入学女子个个放足。庞鹤年审时度势将三寸金莲产品扩展到四寸、五寸的放足鞋和近代的绣花鞋、缎鞋等。老美华的店铺开张了，庞鹤年首先对店员进行行规训导：精神面貌要求做到两天一刮胡子，三天一洗大褂，七天一理发，店员们个个挂着一股精气神，上岗时站有站相，坐有坐相，站姿要前不靠货柜、后不倚货架。顾客到了笑语接待引进店，入坐后马上为客人沏茶倒水。顾客在品茶时，伙计就会递上鞋请顾客试穿。伙计们的肩上永远搭着马尾做的掸子，客人来后掸子不离手地为客人掸裤脚，还要帮客人提鞋。在应对顾客时，要求伙计无论什么情况都不能讲"没有"二字，必须做到"以有代无"。当确实没有让顾客满意的鞋时，老美华就会主动为顾客订做鞋，在一楼画样子顾客满意后在三楼制作，鞋做好后伙计就拿着提盒为顾客送货到家。庞鹤年对商品质量要求更为严格，鞋面一律采用瑞蚨祥的上好面料，制皮底鞋时女士鞋皮底厚为 3 毫米，男士鞋皮底厚度为 5 毫米，反绱鞋鞋槽要深浅均匀线缝一寸三针半。制布底鞋工艺上，必须完成粘、拉、调、配、套、沿、绱、排 8 道工序。鞋底十四层，纳底每平方寸是九九八十一针；在验鞋标准上，老美华严格遵循"一正、二要、三不、四净、五平、六一样、七必须、八一定"原则。至今老美华依然继承着天津人文特质，靠自律积累着商誉。使老美华在近一个世纪里长盛不衰。老美华不仅代表了天津鞋业老字号一块块沉甸甸的金字招牌，更是我国近代制鞋产业崛起的历史见证。

第四节　我国少数民族地区布鞋

■ 中华历代鞋的"活化石"

在我国 56 个民族组成的大家庭中，多彩多姿的鞋饰文化充分表达了各个民族的历史、审美、生态等物质文化和非物质文化。几千年来我国少数民族的鞋文化依然在传承、延续着中华民族古老的鞋文化。当今少数民族常用的布鞋就为我们映射出华夏远古鞋履的形制、特征和工艺，无怪乎很多学者赞誉少数民族的鞋是中华历代鞋的"活化石"，为研究中国古鞋提供了活教材。

我国少数民族的布鞋是最典型和传统的鞋式，布鞋既是我国鞋史上最悠久的鞋类，也是世界鞋史上具有中国特色的鞋履。笔者在民族地区每收集到一双布鞋就感觉如同学到一页文史知识和得到一份民族风情。无论是华丽巧致的绣花布鞋、工艺精湛的长统布靴，还是朴实无华的纳帮布鞋、古朴粗犷的木底布鞋都在倾诉着、传递着情意绵绵的民族风采、民俗风习和民间风情。

在我国，最早用文字记载的鞋履便是对布鞋的描述。出自于2600多年前的《诗经》中，其中反映当代民俗风习的《魏风·葛屦》中写道："纠纠葛屦，可以履霜。"葛是当时常见的一种植物，先人用葛的纤维织成葛布来做鞋面和鞋底，一般葛布鞋是单底鞋，可以踩霜，但不能践水和踏雪，适宜在春秋穿用。今天用葛、麻、棉、丝类等布料制作的布鞋仍是我国西南、东南、西部地区少数民族最常见的民俗鞋，计有布依、苗、蒙、侗、壮、彝族等近30个少数民族仍在穿着使用。这些民族的布鞋在形制上基本承传了我国魏晋以后常见的翘尖鞋头形式，装饰上沿袭了几千年中华刺绣的手法，工艺上保留了秦汉以来纳底绗绱的技术。在少数民族男耕女织的小农经济中，布鞋不仅是重要的生产劳动必需品，也是体现这个民族聪慧、智睿的工艺品。花团锦簇的布鞋除了实用功能外，还在求爱、婚嫁、育子、寿庆、丧葬等民族风俗活动中充当着情感交流的载体。

■ 各少数民族的鞋文化民俗

仫佬族姑娘十几岁就开始学习制做"同年鞋"，这是准备给将来的心上人的一种见面礼。等她们长大成人后就会按民族习俗到坡场上与男青年对歌"走坡"，当双方情投意合时她便把早已藏在身上的"同年鞋"送给中意的阿哥表达爱慕之心，并作为珍贵的定情之物。高山瑶族有一种"定亲鞋"，当瑶族青年男女在确定爱情关系后，女子去拜见男方父母时要带上一大摞"定亲鞋"，瑶族姑娘在鞋底和鞋面上纳绣合意各异的图纹花样，以便分别送给男方家庭的不同成员。若要送给男方爷爷辈的鞋，便在鞋底纳绣北斗星图案以祈盼老人如北斗寿星永远长寿；送给男方父母辈的鞋，就要在鞋底上纳绣一棵苍劲老松树意祝父母大人健康有力、挺拔如松；送给小姑子的鞋，图案不在鞋底上而是在鞋面上绣一朵盛开的五彩花朵意愿小姑子如花似玉、神采过人。桂北龙胜伟江一带的苗族姑娘在未出嫁之时自己动手缝纳几十双陪嫁布鞋，苗族姑娘缝纳陪嫁布鞋时，每一双布鞋只能用一根针缝制到底不能弄断，如果弄断针就认为是不吉利，所以姑娘缝纳布鞋时要特别仔细认真。这种规矩是考验姑娘做事的耐心和仔细，布鞋缝纳好后，每一双都得用线缝连起来，而且只能缝四针表示好事成双。到举行婚礼那天，苗族姑娘先把布鞋放在茶盘上，然后姑娘双手托着茶盘，很有礼貌地一一奉送给新郎最亲的亲戚，以此来表明姑娘是个勤劳的媳妇。

土家族敬奉白帝天王三兄弟，一般在"白帝天王庙"后面还要修建一座"天后娘娘庙"，敬的是白帝天王的母亲——蒙易神婆。土家族把蒙易神婆视为生育神，在她的"天后娘娘庙"的神龛上放了许多男女小孩鞋。哪对新婚夫妇盼子心切或婚后一直未孕就会前往"天后娘娘庙"拜祭，她们烧过香纸后就闭上眼睛去摸鞋龛上的小孩鞋，如果摸到男童鞋将会生育男孩，摸到女童鞋就会身怀女婴。

白族老人过了60岁就要穿寿鞋。这种寿鞋的鞋面大都使用红色的绸缎或棉布，先在鞋头上用蓝色丝线刺绣一枝素淡清雅的不老松，再在上面绣一个"寿"字图案。鞋后跟上则绣三角图形。鞋底须用白布，用细麻绳横平竖直地精心绗纳。这种鞋由老人的后辈制作、奉送。体现了小辈的孝顺和两代人的亲情。平塘一带的布依族老者死后丧葬时须穿"老鞋"，这种老鞋的鞋帮上俗定刺绣特定的图案，一般是绣上蛇与蛾，也有绣蛇与鹅的。意寓借助蛇与蛾的神力引渡亡人去西天"极乐世界"。

鉴于历史的迁移和民族的纷争，鞋文化发展也会演绎出多元现象。如笔者在大西南考察哈尼族的鞋饰时，收集到云南元江那婼一带的哈尼族姑娘不做布鞋、不穿布鞋的典故。在历史上那一地区的哈尼族先人们早已建成经济自给自足，民众安居乐业的园地。那时候哈尼族姑娘个个都是绣花制鞋的能工巧匠，后来横行一方的汉族土官霸主眼红这片乐土，便设计霸占哈尼族开出的良田。汉族土官霸主使出了恶毒

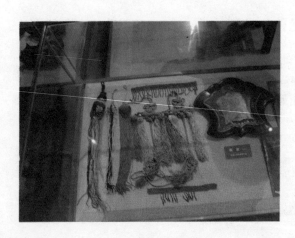

的"美人计"——将自己的女儿硬嫁给哈尼王，霸主的女儿成为王妃后很快掌握了哈尼王的势力分布与范围，接着就把这些内部资料缝在鞋帮的夹层里偷送了出来，

结果这个汉族霸主很快征服了哈尼王，强占了肥地沃野，给那一带的哈尼族人民带来了深重的灾难。从此哈尼族老祖宗立下了不与汉人通婚和不兴做鞋的族规。一代代的后人遵循着前人"哈尼姑娘不做鞋，做鞋眼睛会戳瞎"的古训，并规定出嫁的哈尼姑娘在夫家男子面前穿鞋就是大逆不道。虽然哈尼人避讳布鞋却对木头鞋情有独钟，传说哈尼先祖在迁徙途中，为防止炎热、尖锐的石头伤脚，便把木块捆绑在脚底顺利通过了山涧河谷到达目的地。从此哈尼族穿木头鞋的习俗沿袭下来。制作木头鞋通常选用较轻泡的攀枝花木、刺通木和红椿木，哈尼人把脚板粗的树干砍制成两只小板凳模样的木头鞋，然后在鞋底上穿三个眼将棕绳编成"丫"字形套在脚上。穿这种鞋既可爬坡又可蹚水，累了还可当板凳、当枕头。

 知识链接

"扒官靴"的传说

在辽宁宁远（今兴城）民间曾留传着一则"扒官靴"的传说。

有一年，有一任宁远知州要离任调往别处。那时候，地方官离任时都要由地方乡绅出面留下一对官靴或别的东西作纪念，以示地方官清廉，百姓舍不得他走的意思。知州走的那天晚上，就找乡绅做了布置，第二天早晨又派人打探，探子回报说："从衙门口一直到百里铺都是送老爷的人群。"知州很高兴，一出衙门，就把一双事先准备好的官靴留给乡绅们。哪想到东门又来一伙儿扒官靴的，知州说："靴已扒了。"那伙人说："那些人是乡绅，我们是平民百姓，老爷可不能偏向看不起百姓呀。"知州没准备第二双靴子，不给吧，这伙人不让他走，只好把脚上穿的送给这伙人。哪想到一到东门桥又有人来扒官靴的，还是不让扒不给走，只好摘下乌纱帽。就这样，走不远来一伙儿扒官靴，走不远来一伙儿扒官靴的，扒到东八里铺，知州身上只剩下一身衬衣和一双袜子。本想这次不会有人再扒了，可一会刘八斗又带一伙儿人迎上来。知州知道不能留东西，刘八斗不会饶他，只好脱下袜子。刘八斗接过袜子向道旁水沟一扔说："老爷您放心，宁远州扒你这点东西，你到别处当官儿用不了几天就能捞回来，可是宁远州人被你刮去的财物可就永远回不来了。"知州才这知道，除了衙门那伙儿扒靴的，其余都是刘八斗安排的，气得他直翻白眼儿也没办法，只好光着头，赤着脚，穿着一身衬衣去锦州府。

中国古代鞋帽

第五章
鞋履趣话

　　鞋履文化是我国宝贵的民族文化，承载着厚重的历史意义。鞋履文化中不乏幽默逗趣的史话和奇闻逸事，如历史名鞋"三寸金莲"、清代的"花盆底"以及用以培养女德的铃铛鞋、寿礼鞋，等等。了解我国古代鞋履故事，是一件十分富有知识性和趣味性的事。

第一节　鞋履史话

■《周易》中的"履卦"

"履"字作为卦名，最早出现在《周易》的64卦中。古人以履为卦，反映的是什么问题？一作名词解，在卦中运用了具体鞋履的名称，如夬履。夬、决，断裂的意思。夬履，是指鞋从中间断裂。占筮遇到此爻就表示有危险的征兆。又如"素履，往，无咎。"列为履卦的第一爻，素履，是指没有文彩的鞋子，喻人的质朴的本质，即君子心地纯朴，品行端正，处处小心行事。比喻穿着素履行走，不会有灾祸，生活就不会有灾难。一作动词解，为行走的意思。古人观履之象说："履，君子以辨上下，定民志。"就是说，鞋的穿着行走，应当分辨上下尊卑，人们不得随便乱穿。要小心行走，譬喻处事必须循礼而行的道理。总的来说，此卦以履作为行为准则，就所谓"视履考祥，其旋元吉"又卦云："履虎尾，不咥（吃）人，亨。"走在老虎尾后，说明处在危险的境地，但老虎没有吃人，说明通达顺利。《晋书·袁宏传》："虽遇履尾，神气恬然。"意为态度安闲镇静。

■ 赵国春申君珠履三千

据《史记》卷七十八"春申君列传"："春申君客三千人，其上客皆蹑珠履以见赵使，赵使大惭。"春申君的客中上客所穿之鞋，皆缀有明珠，后因用作咏门客、幕宾的典故。唐李白《寄韦南陵冰余江上乘兴访之遇雪颜尚书笑有此僧》："堂上三千珠履客，瓮中百斛金陵春。"

■ 庄子履穿行

据《庄子·山木》载，庄子曾身穿补丁衣服，脚踏破鞋去拜访魏王。行走雪中，鞋底已破，"足尽践地"，人皆笑之，不以为意。魏王问他何以如此困顿，庄答："贫也，非惫也。士有道德不能行，惫也，衣弊履穿，贫也，非惫也，此所谓非遭时也。"后人用此典，以"履穿""履弊"形容生活困顿，衣鞋破旧。杜甫有诗云："履穿四明雪，饥拾楢溪橡。"唐韩愈《喜雪献裴尚书》："履弊行偏冷，门扃卧更羸。"

■ 王乔双凫

东汉人王乔为叶县令，入朝次数很多，但不见车骑，传说乘鞋所化之双凫上朝。皇帝感到奇怪，叫人候望，只见有双凫（两只野鸭）飞来，用网去捉来，却变成了双（两只鞋子），原来就是以前赐给王乔的尚书官属履（见《后汉书·王乔传》）。后以"王乔仙履""双凫"等喻县令的行踪。唐孟浩然《同张明府碧溪赠答》诗："仙凫能作伴，罗袜共凌波。"唐杜甫《桥陵诗三十韵因呈现县内诸官》："太史候岛影，王乔随鹤翎。"

■ 汉哀帝听履

据《汉书·郑崇传》记载，汉尚书仆射郑崇屡直谏，以至每听到他的履响，汉哀帝便笑曰："我识郑尚书履声。"后以此用作咏尚书的典故。唐杜甫《上韦左相二十韵》："持衡留藻鉴，听履上星辰。"宋苏轼有诗云："朝罢人人识郑崇，直声如在履声中。"

■ 履 冰

《诗经·小雅·大辇》："战战兢兢，如临深渊，如履薄冰。"冰上行走，十分小心。后世诗文用"履冰"比喻时时警惕，谨慎小心。白居易《出府归吾庐》："吾观权热者，苦以身徇物。炙于外炎炎，履冰中栗栗。"

■ 玩之履

相传，南齐高帝在镇东府时，虞玩之为少府，每次朝见都蹑履造席。一次，高帝取履亲自审视，只见其履颜色陈旧不堪，履间也斜歪了。而且"綦断，以芒接之"。这里的"綦"指鞋带，因为当时的木屐，通常用楄、系、齿三个部分组成。屐上的绳带。在履的底部，一般多装有硬木制成的齿，走起路来，随着脚步的移动会发出"阁阁"的响声。虞玩之这双木屐绳带都断了，用芒（即草绳）接起来，仍穿在脚上，因而引起了高帝的怜悯。高帝问："你这双木屐穿了多少年？"玩之答道："最早是在随军北行途中买来穿的，至今已着了三十年，家贫买此亦不易。"高帝闻此，慨叹不已，马上亲自赐给玩之一双新的木屐。这故事说的是虞玩之生性俭朴，一双木屐着了三十年。

■ 屦贱踊贵的由来

踊：刖足人穿的鞋。被刖的人多，以致鞋子便宜而踊价高。形容统治者残暴、刑罚重而滥。《左传·昭公一年》："国之诸市，屦贱踊贵，民人痛疾。"齐景公问晏子说："你靠近市场住，你知道什么东西贵什么东西便宜吗？"当时景公滥用刑罚，有出卖假腿的，所以晏子回答说："假腿贵，鞋子便宜。"这是晏子有意忠告景公不要滥用刑罚。被砍去脚的人多了，用假腿的人也多，假腿就贵了，买鞋子的人也就少了。景公听罢恍然大悟，为此减轻了刑罚。

■ 脱 屣

据《史记·孝武本纪》载，汉武帝曾说，如能得道升仙，将"视去妻子似脱屣"。脱屣，是脱鞋的意思，后来用作咏弃家求仙的典故。唐李颀《送刘四》："辞满如脱屣，立言无臧否。"借指无所顾恋。清吴伟业《清凉寺赞佛诗》："汉皇好神仙，妻子似脱屣。"

■ 只履西去

▲ 达摩提鞋像

据《景德传灯录》卷三记载，传说佛教中国禅宗初祖达摩死后，葬在熊耳山。魏人宋云出使西域归来，在葱岭遇见达摩，手提一只鞋子，翩翩而去，宋云问："师父去哪里？"回答说："去西天。"宋云回国，向魏帝奏明其事，帝命开棺探视，见棺中只留有一只草鞋。后遂以喻高僧亡化。唐齐已《荆门穿题禅月大师影堂》云："不堪只履还西去，葱岭如今无使回。"

■ 汉张良圯桥进履

隐士黄石公遇张良于圯桥，为考验张，故意遗鞋桥下，命张拾取，张毫无愠色，捡鞋跪而进之。又约期相会，黄故意改期，再试张坚忍意志，最后终于传以道术，命张良辅佐刘邦灭秦兴汉。故事见《史记·留侯世家》《孤本元明杂剧》、李文蔚《圯桥进履》杂剧及《西汉演义》。

■ 六朝王湝判靴

六朝时，男女鞋尚无区别。当时并州刺史王湝，为官清正。一天，有妇女在城外汾水边浣衣，有一人乘马，抢换其新鞋，丢下自己旧靴，扬长而去。妇持靴到并州告官，要破此案必须知道这个男子是谁，他现在哪里去了？王湝亲自到城外，以此人遗留之鞋，在老姬群中探问，说："昨日有乘马人在路上遇盗被劫，就剩下这双靴。我们不知这是谁家后代，请你们看看，如有知道的，请告诉我。"在人群中有一老姬看了鞋子，两眼流泪，抚摩而哭，说："这是我儿子的鞋子，他昨日穿着这双鞋子到妻子家去。"王湝就照老姬的话，派人到了女家，将其抓获。

■ 汉伯喈倒屐

倒屐，指倒穿鞋子。汉蔡邕（字伯喈），因才学显著，贵重朝廷，常车骑填巷，宾客盈坐。平时他很器重王粲的才名。一次，在宾客满座的情况下，听说王粲到来，他连忙出迎，连鞋子也穿倒了，粲至，年幼小，个子矮，一座皆惊（见《三国志·王粲传》）。后用为热情迎客的典故。《古今小说·临安里钱婆留发迹》："钟起知是故人廖生到此，倒屐而迎。"唐王维《春过贺遂员外药园》诗："画畏开厨走，来蒙倒屐迎。"

■ 宋杨亿鞋底之谑

杨亿素以文章自负，曾因草写诏令，当权者多有涂改，而愤愤不平。他将文稿取回，以浓墨将涂改处抹成鞋底状。有人问他何故，他说："这是涂改者的足迹。"当时传为笑谈。后学士起草诏令，如被涂改，就互相戏谑说："又遭鞋底。"（见《隐居杂志》）

■ 唐冯道买靴

冯道、和凝两人一同在中书省任职。有一天，和凝问冯道说："您的靴子是新买的，价钱是多少？"冯道抬起左脚说："五百文。"和凝性情急躁回头看着他的差官责备说："我的靴子为什么用了一千文？"冯道慢慢抬起他的右脚说："这一只也是五百文。"

■ 晋谢安折屐

东晋淝水之战时，宰相谢安派侄儿谢玄等率军八万迎敌。晋军击破苻坚后，有驿书传至谢府，此时谢安正与客人下围棋。看完信后，谢安便将信放在床上，毫无喜悦之色，下棋如常。客人询问，才慢慢说："小儿辈们已经大破贼兵。"下完棋后返回内室，心里极为高兴，过门坎时连碰折木屐齿都不知道。后以"喜折屐""谢安屐"等形容遇有美事喜不自胜之态。（见《晋书·谢安传》）

■ 阮孚屐

据《晋书·阮孚传》。一次，有人去看阮孚，见他正在用蜡涂屐，并且叹息说："未知一生当着几量屐？"神色显得很闲畅（见《晋书·阮孚传》）。后以"阮孚屐"泛指登山用的鞋子，或用为游山的典故。《北齐书》曰："未知一生当著几量屐？""量"古

▲ 阮孚像

时鞋的计量单位，称"量"可能从"两"的同音字发展而来，故"量"亦即为"双"之意。

■ 南梁高爽作"屐谜诗"

南梁孙廉善于投机钻营，看风使舵，早在齐朝就做到尚书右丞。因巴结权要不辞辛苦，于是当上御史中丞等高官。当时有名高爽者，客居于孙廉府中，孙廉委以文记之事。一次高爽有求于孙廉，没有得到满足，便写了一首屐谜诗讽刺孙廉："刺鼻不知嚏，踏面不知瞋，齧齿作步数，持此得胜人。"此诗以木屐比喻孙廉，讽刺他不顾廉耻，用阿谀奉承得到名位。（见《梁书》）

第二节 鞋履逸事

■ 白玉娘忍苦成夫

宋末时，元兵犯境，有彭城人程鹏举被掳，送到元将张万户营中，留为家丁。过年余，张解甲归家，将掳来的女子白玉娘配与鹏举为妻。婚后第三夜，见鹏举闷闷不乐，玉娘知其不乐之故，劝道："妾观郎君才品，必非久在人后者。何不觅便逃归，图个显祖扬宗，却甘心在此，为人奴仆，岂能待个出头的日子！"程惊讶之余，疑是张万户教她来试探，他为了稳住张万户，不使疑心，就主动去告知他。万户大怒，唤出玉娘，要吊打一百皮鞭，幸得夫人为她讨饶，才免鞭打。又过三日，玉娘劝丈夫逃走。程仍怀疑，又去禀告张万户，万户大怒，将玉娘卖给另一个人家。程至此才知玉娘真心；懊悔不已。夫妻分别时，玉娘将所穿绣鞋一只，与丈夫换了一只旧履，道："后日倘有见面日，以此为证。万一永别，妾抱此而死，有如同穴。"鹏举设计脱身，回归大宋，亏其父一门生的提携，做了福清县尉之职，择日上任。二十余年，鹏举为官清廉，官升闽中安抚使之职。后宋朝覆灭，元兵直捣江南。行省官不忍百姓罹于涂炭，上表献地归顺元主。元主将合省官员俱加三级，鹏举亦升为陕西行省参知政官。到任后，日夜思念玉娘，不曾再娶。就派家人程惠，带着两只鞋儿，前去兴元查访。这时，玉娘正遁入城南昙花庵为尼，带发修行，但一心仍挂念丈夫。那程惠连夜赶至兴元查访，知道玉娘已经为尼，就赶往昙花庵，走进庵门，见堂中有个尼姑诵经。程惠且不进去相问，就在门槛上坐着，袖中取出这两只鞋来细玩。那尼姑心中惊异，连忙收掩经卷，起身来向前问询，并也从囊中取出两只鞋来，恰好正是两对。玉娘眼中流泪不止。程惠告之鹏举为官情况，并劝玉娘收拾行装回去。玉娘道："吾今生已不望鞋履复合，今幸得全，吾愿足矣，岂别有他想，你将此鞋归见相公，为吾致意。须做好官，勿负朝廷，勿虐民下。"程惠央老尼再三苦告，终不肯出。程惠回归后，将鞋履呈上，细述经过和玉娘认鞋，不肯同来之事。程鹏举听了，甚是伤感，即移文本省，那省官与鹏举同在闽中为官，有僚友之谊，见来文，即行檄兴元府官吏，具礼迎请。玉娘见太守与众官来请，料难推托，只得出来相见，然后上车，直至陕西省城，夫妻团圆。（明冯梦龙《醒世恒言》第十卷）

■ 勘皮靴单证二郎神

北宋年间，内宫中有一位夫人韩玉翘，妙选入宫，年方及笄，因失宠未沾雨露之恩，惹下一场病来。后奉皇命，至杨太尉家养病。一天，打点信香礼物，先到北极佑圣真君庙中拜香，后到二郎神庙中礼拜，求神保佑。拈香毕，她无意中用指头挑起销金黄罗帐，看到二郎神塑像，丰神俊雅，明眸皓齿，不觉目眩心摇。在祝词中说："只愿将来嫁得一个丈夫，恰似尊神一般，也足称平生之愿。"此话真的惊动了二郎神。他几次下凡和韩夫人相见，进而两情愉悦，恩爱万分。后此事被太尉察觉，先请王法官作法驱邪，被二郎神击伤；又请道士用五雷天心正法与其相斗，在二郎神逃逸时，被打中一条腿，掉下一只四缝乌皮皂靴。太尉将此事告知蔡太师，太师复派开封府滕大尹领这靴前去破案。后经侦查，此靴为铺户任一郎所造。据任说，做此靴者为杨知府，是送给二郎神谢神的。后查询杨知府，确有此事。至此，破案又遇难题。经过商量，怀疑可能是庙旁什么妖人作怪。于是派人前去寻找，从一妇人拿一皂鞋卖给杂货担儿这事打开缺口，查清庙里一庙官与这妇人有私。庙官叫孙神通，并有法力。原来是他那日头听了韩夫人神像前祝词，就假扮二郎神，淫污天眷，骗得玉带一条。后捉得孙庙官，经刑讯供认不讳。最后由开封府判了个剐字，推出市心，行刑示众。（明冯梦龙《醒世恒言》第十三卷）

■ 陆五汉硬留合色鞋

明弘治年间杭州城内，有个叫张荩的少年子弟，生得风流俊俏，

平日惯在风月场内鬼混。一日，在钱塘门一处临街楼附近，看见一个女子，生得十分娇艳。后经打听，此女叫寿儿，父亲潘用，是个赖皮。一次张荩和寿儿又得相遇，两心有意，张荩将一个红绫汗巾，结成同心方胜，从下掷给寿儿，寿儿接到方胜，就脱下一只合色鞋儿投下。为了和寿儿私会，张荩托陆媒婆上门通话，陆借卖花为名，和潘家母女见面，并私下和寿儿谈通，寿儿将另一只鞋儿又交给陆婆作为和张见面凭证，并约定咳嗽为号。陆婆的儿子陆五汉发现这双女鞋，问清情况，心中生一诡计，就向陆婆硬留下这双合色鞋。次日，用钱办起几件华丽衣服，到晚上打扮起来，把鞋儿藏在袖里，到了寿儿楼下，咳嗽一声，寿儿用长布把陆拽上楼去，两情火热，解衣就寝，寿儿误会了。后此事引起潘用夫妻怀疑，就采取与女儿换房睡觉，以便探明真实情况。那陆五汉几次去，寿儿均无反响，都扫兴而回。第三次竟自己背了梯子，爬上楼去，怕潘用来捉奸，又身带杀猪刀。当他发现睡着两人，认为是寿儿又有了新姘头，因妒生恨，用刀杀死了潘用夫妇。

此事报案后，杭州府太守在审讯中，智审寿儿，使寿儿说出约会者是张荩之事，知府进一步提审张荩，经过刑讯，逼打成招，张荩收入死牢，等候处理。在牢房中，张荩买通狱卒，去和寿儿见面。问明原情，寿儿才发现自己被骗，后供出与其私通者左腰间有个疤痕高起，大似铜钱。次日，狱卒禀告了太守，太守立即传讯陆五汉，并当堂验明身上疤痕，问成斩罪。寿儿因悔自己被陆奸骗，带愧自尽而死，张荩则闭门吃长斋，直至七十而终。（明冯梦龙所著《醒世恒言》第十六卷）

150 ■ 毛大福

太行毛大福，原为一个疡医。一日，道遇一狼，口叼一布，吐在路中，毛拾起一看，布裹金饰数件。狼上前拽毛袍服欲回去。毛察其意不恶，就随从前去。到了一处旧穴，见一狼病卧，其头顶有一暗疮，已溃腐生蛆。毛悟其意，拨剔净尽，再敷上药才回归。这时，有一银商宁泰，被盗杀于途。后毛所得金饰，被宁的随从认出，把毛拉至公堂。经过审问，毛述其来由，官不杀，派两役押毛入山，直抵狼穴。至暮不见狼踪，在返回路上，恰遇二狼，其头上疤痕犹在。毛向揖而祝，叙述其事。狼以喙挂地大哮，山中百狼齐集，并竞前啮縶索。隶悟其意，遂解毛缚，狼乃俱去。后数日，官出行，一狼衔一草履放在路上，官不睬前行，狼复衔履奔前置于道，官命役收履，狼乃去。于是，官命人秘访履主。后得知某村有樵夫，曾被二狼追逐，衔其一履而去。经拘查，果其履也。

经过刑审，樵夫招认是他害死宁泰，取其巨金，藏于衣内，后被狼衔去。至此，案情才大白。（蒲松龄《聊斋志异》）

■ 游花台李白倒晒靴

在九华山区的北面有一处地方，这里的山头，每到春天开满山花，万紫千红，人们将这一带山峰统称花台。花台有许多山峰，这些山峰千奇百怪，神态各异，但是最奇的是有一座山峰犹如一只倒晒着的靴子，屹立在峰顶之上。人们管这座山峰叫"仙人倒晒靴"。

这只靴子是谁的呢？为何要晒在这里呢？据当地山民说，这是唐代诗仙李白的靴子。李白和九华山有不解之缘，他爱这里山明水秀，多次来过这里。

有一年春天，李白和好友韦仲堪、夏侯回一起又来到九华山。他们游遍了九华山的奇峰怪洞，看够了九华山的瀑布涧泉。他们登上了天台峰，突然看到一座山花烂漫的峰峦。三人又惊又喜，沿着山脊向北横插过去，来到花台之中。他们站在罗汉墩俯瞰花台诸峰，但见杜鹃、山茶开满山头，壮观无比，游兴大发。他们游了一个山头，又游一山头，李白的一只靴子底都磨破了，溪水漏进了靴子，里面滑溜溜的，一路走一路还叽咕叽咕响，真是难受死了。

他们好容易又上了一个山头，打算休息一下。夏侯回在一块较平的石头上摆开酒菜；韦仲堪去周围采摘野花；李白呢，坐在一旁脱下靴子，从里面倒出了至少一酒杯水。靴子湿了，不能再穿，李白就把靴底朝上，倒放在一块尖石上。

夏侯回摆好酒菜，招呼二人快来喝酒。这三人都是以酒为命的，赏花饮酒正是人生乐事，岂有不尽幸畅饮之理？这三人，你一杯，我一杯，喝得不亦乐乎！酒喝完了，三个人也都酩酊大醉，在山石上呼呼睡去。这一睡，直到第二天才醒来。三人起身，该回去了，李白觉得一只脚凉飕飕的，才想起靴子还晾在一边，连忙去拿。谁知，那靴子已化成石头和山体连在一起，怎么也拿不下来了。夏侯回和韦仲堪见状，哈哈大笑道："诗仙人真成了赤脚大仙了。"这一下，李白可狼狈了，只好光着一只脚，一瘸一拐地走下山去。

李白留在山上的那只靴子变成石头后，越长越大，渐渐长成了一座山峰，后人就把那山峰叫作"仙人倒晒靴峰"。

■杜甫与棕鞋

▲ 杜甫像

相传，杜甫落难到了成都。初到成都，杜甫没有亲戚朋友，在成都没依没靠，生活过得很是穷困。后来，一个朋友送了杜甫几根木头几捆竹子，一堆草，帮杜甫在河边上修了几间茅草房。那个朋友又送了杜甫一些油盐柴米，杜甫才在成都住了下来。朋友送的米，没好久就吃完，杜甫不好意思开口再要。读书人不比一般穷苦百姓，杜甫饿死不要饭。断了几天炊，眼看到要饿断气了，挨着杜甫住的一些穷苦人，可怜杜甫，吃糠吃菜也匀一升半碗送给杜甫。杜甫住的那条河边，有很多荒地，每年春天天气暖和，三三两两的农户就在河边开荒种菜。杜甫没事，转到河边和开荒的人闲聊，间或帮人甩几块石头。后来，他借了锄头钉耙，自家开了一片荒地，种了些瓜瓜豆豆，他还在茅草房后头栽了几棵果树。茅草房后头不远，有条土埂子，埂子上有几棵一人多高的棕树，平时那些放牛娃把棕叶扯得一地都是。杜甫就一匹一匹捡来捆好，好等冷天头烧。杜甫慢慢和当地人熟悉了，经常走这家、走那家坐一下。有一个老婆婆，七八十岁了，还打草鞋，有偏耳子，有蒲窝子，卖了买米供屋头。老婆婆打草鞋地搓线，揉来又匀又细。杜甫想请老婆婆打一双，自家又没有麻。他想起捡的棕草又细又结实，拿来请老婆婆，老婆婆当真手巧，帮杜甫打了一双蒲窝子棕草鞋，穿起来又暖和又行走方便。第二年二月十五，李老君生日，成都要摆花会，逢到绵绵春雨。从正月下到二月还没停，那天又下雨又起风，朝会的人一个个冷得缩颈缩项。杜甫这天一早吃了饭，晓得冷，穿了棕鞋去朝会。下雨天走泥泞路，没走多远鞋就磨穿了，脚冻僵了。杜甫踅转回去，烧了一把火把鞋烤干，把棕鞋底下绑了一块厚木头片片，在稀泥巴里头走也不湿脚，朝会的人山人海，看到杜甫的棕鞋这么舒服，都照着做来穿。

棕鞋就在成都传开了。

■ 张凤台买鞋

大年三十晚上，知府张凤台身着便服，穿街走巷，访察民情。只见家家张灯结彩，喜气洋洋，他心里高兴。

他走着走着，忽然瞧见一户人家，没挂灯，也没贴对联，就连屋里也黑灯瞎火的。张凤台感到奇怪，正要上前叩门，忽听从屋里传出老婆子说话声音："有钱人家年三十晚上接财神，吃饺子。咱今年生意不好，只好免了。"接着，又传出老头儿的声音："唉，闯关东不易呀，有钱人家过年，吃香的喝辣的，没钱人家过年难，知府大人光说与民同乐，可哪知道生意人家的艰难哪……"张凤台一听，其中必有缘由，就上前叩开门。老头子点上灯，把他让到屋里。一唠扯，才知道这家是一对无依无靠的老人，靠卖鞋养家糊口。老家在河南安阳，是逃荒闯关东来到这里的。张凤台一听，还是同乡，唠了一阵嗑儿之后，就对老头儿说："我想买双棉鞋，有合适的吗？"老人赶忙从鞋架选了几双递上。张凤台挑了一双，穿在脚上一试，又暖和又合适，问多少钱一双，老人说："只要穿着合脚，大年三十的，图个吉利，随便给几个钱就行。"张凤台从怀中掏出一两银子，给了老人："就算一两银子一双吧。"老人一看那么多钱，直劲儿摆手："一双棉鞋哪值一两银子，几十个大钱就足够了。"张凤台说："你的生意冷清，连过年饺子也吃不起，就收下吧。你要图个吉利，请借笔墨一用，我给你写副对联贴上，初一保管你开市大吉。"

不一会儿，老头儿找来笔墨纸砚，张凤台给写了一副对联。上联：生意兴隆通四海；下联：财源茂盛达三江；横批：开市大吉。写罢，告别二老，拎着棉鞋，回到衙门。第二天早晨，衙署官员和当地绅士都来给知府大人拜年。张凤台当众抬起脚来说："我昨天买双新棉鞋，你们看怎么样？"众人见知府大人有意夸鞋，谁不想巴结一下，就争抢夸鞋做得好，都打听在哪家鞋铺买的，张凤台微笑着告诉了他们。

拜完年，官员和绅士们都赶到小鞋铺。一看，铺门框贴着张凤台亲笔写的对联呢。一个个惊得目瞪口呆，不知这鞋铺和知府大人是个什么关系，都不愿意放过讨好大人的机会，不一会儿，就把这个小鞋铺积压的四十多双棉鞋给买光了。

从此，这个小鞋铺的生意就兴隆起来了。

■ 鞋匠揭皇榜

西晋末年，匈奴人刘渊僭即帝位，建都蒲依，寻迁隰州。时战火仍频，渊率军南攻平阳，朝事委杨骏署理，骏抱病，由隰州判刘昭佐代。昭乃渊侄，仗势凌人，骄横跋扈，遂致众叛亲离，政务日废。

他日有西域传教士来隰，驻脚驿站，语言无能与闻。驿站守卒疑为间谍，飞速报昭。昭一面部署警戒，一面命礼宾官员前去应付。这些官员多属刘昭便僻佞友，诡诈有余，才德不足，去到驿站见三人高鼻蓝眼，很是惊恐，说话叽里呱哇，一点不懂，又疑为入寇前锋来下战表的人。刘昭无奈，命有司张贴皇榜，期限三日，有人能与外邦使者对话，探明来意或驱逐出境者，赏金五百两。

皇榜贴出后，观者甚众，转眼已是第三天，却无一人敢揭。是日下午，城内一个钉鞋匠闻此消息，心想碰他一下怕什么，反正自己是个贫苦人，再倒霉也不过讨饭吃，不妨碰个运气，也许碰到点子上。他拿定主意，就挤开人群，上前揭了皇榜，守榜官员立即报给刘昭。

这两天刘昭正为此事心焦如焚，一听有人揭了榜，就像溺水人抓住一根稻草似的，救星！救星！急忙传谕："快宣进来，公堂议事。"当他看见来人是个其貌不扬，衣着褴褛的穷汉时，火热的心顿时凉了一半。转念又想："人不可貌相，海水不可斗量。"时至今日，只好冒险渡筏，或许能登彼岸，想到这里就立即问了一声："先生可懂世语？"

"管他是男是女，什么鞋我都钉。"鞋匠自信地回答。

刘昭系胡人，说话音韵和隰县土语有很多差异，他听成"管他是言是语，什么话我都懂。"马上喜出望外，命左右为贵客打水洗漱，更衣冠带，然后由礼宾员陪同到驿站应对。

钉鞋匠和三个传教士分宾主而坐，众官员及随从列队观看，只见传教士甲把手一挥举到自己头上拍了一下，钉鞋匠用右脚往地上使劲一蹬；传教士乙使左手在自己胸口一拍，钉鞋匠用右手在自己屁股上也一拍；传教士丙左手翘出拇指晃了几下，钉鞋匠右手掌心向前五指并拢摆了两摆。

打手势会谈进行到这里，三名传教士互相使个眼神，向钉鞋匠双手合十施了一礼，牵马而去。他们在回归的路上议论，甲说："我在头上拍是表示头顶青天，人家把脚一蹬反扑道脚蹬神仙。"乙说："我拍胸脯的意思是传教胸怀世界，人家在屁股上一拍反扑道早已坐定乾坤。"丙说："我翘起拇指表示我们传授一佛出世，人家五指并拢回答已有五位菩萨。"

钉鞋匠驳退了传教士，在众官员拥护下回见刘昭，昭惊喜若狂，忙问左右，何以如此之速？皆莫能对。钉鞋匠说："很容易。第一个人手往头上一拍，说我是理发的，我用脚一蹬表明是个钉鞋的。第二个人拍胸前说钉鞋用的肚皮，我拍屁股告诉他是臀部的。第三个人举起手指问我钉一双鞋一文钱行不行，我把五指一挥告诉他五文也不行。

刘昭听了，苦笑一阵，只好按榜文赏赐钉鞋匠金五百两。

第三节 三寸金莲

■ 三寸金莲的发端

在中国史学界一般公认，三寸金莲始于五代南唐时期（公元 937—975 年）。当时南唐李后主喜爱音乐和美色，他令宫嫔睿娘用帛缠足，使脚缠小弯曲如新月状及弓形，并在六尺寸高的金制莲花台上跳舞，飘然如仙子凌波，开创了中国历史上妇女裹足的先例，被称"金莲"。以后宫内到民间渐渐仿行，并以缠足为美、为贵、为娇。纤小的弓鞋，就是在这种社会风气的促使下出现了。后蜀毛熙震《浣溪沙》："碧玉冠轻袅燕钗，捧心无语步香阶，缓移弓底绣罗鞋。"描述了当年缠足妇女穿弓鞋的形象。此风俗一直延续到清末民国初。"五四"运动大力提倡放足，新中国成立后基本绝迹。

▲ 三寸金莲

■ 三寸金莲的审美与功能

我国女性在历史上穿着使用了一千多年的"三寸金莲"缠足鞋，是我国鞋履史上最震撼的事件，也是我国文化艺术史中审美功能最张扬最凸显的鞋履文化现象。

中国的缠足鞋与外国的高跟鞋同出一辙，都是女性爱美、崇美、追求时尚的审美行为。探索三寸金莲文化实质上是在研讨中国古代妇女的美容问题。"女为悦己者容"，女性从来是为美而存在的。中国女性以缠足来追求脚小美，与外国女性以束腰来追求细腰美、以隆胸来追求挺胸美一样，都是以各自不同的方式实现超越自然肢体的人为美。人类自古至今惯用摧残肢体的方法求得美容，如凿齿、穿环、掐腰、拉皮、箍颈、缠足、刺身等。残体美容的问题和人类本身一样古老。人类对于美的追求与开发从古至今，无止无息。缠足鞋的历史同样是悠久与迷惘的，学术界当前是各抒己见众说纷纭。中国自古以来即有女子足下纤细、行步舒迟为美的观念。汉代司马迁在《史记》中记载的民谚中反映当时常常足穿尖头之屣（鞋）。古乐府有《双行缠》之诗，也以缠足为美。唐代李白《越女诗》"屐上足如霜，不着鸦头袜"，韩偓诗"六寸肤圆光致致"，皆可证实唐代以前国人已是论足纤鞋小为美。五代时有弓底绣鞋，其尖向上弓曲。宋代理学家朱熹就曾热衷于在福建南部等地推广缠足，至宋代徽宗宣和年间，东京汴梁（今开封）闺阁中出现了缠足专用鞋，名曰"错到底"，并在社会上流传。建立元朝的蒙古人缠足之风远胜于宋朝，在元代的杂剧散曲中，描写人物时无不强调一双纤纤小足，明代坊院中不少妓女无不以小足金莲作为媚男的本钱，而小脚女人亦成为当时城市女性竞相模仿的对象，到了清代乃流行天下，路人皆知了。

与时俱进了上千年的缠足鞋不仅做工考究、工艺精湛、针缕细密、绣花精巧，而且其内涵和外延更为浩瀚多彩。包括缠足鞋的样式和维护、缠足鞋的地域特点、缠足鞋的民俗含义，以及穿缠足鞋的步态、舞姿及整体形象。文学家推波助澜在诗词、戏曲、小说中对缠足鞋进行艺术化的形象描述，民间艺术家把缠足鞋搬上雕塑、瓷器和绘画。这在世界鞋类史上也是独一无二的。与此同时在上千年的承袭与沿革中，"三寸金莲"把鞋的功能扩展、发展到了极致的地步。缠足鞋除了穿用功能外，其特殊功能有教化功能：如用铃铛鞋、寿礼鞋培养女德；娱乐功能：金莲酒杯、盖花鞋等自娱他娱；性功能：利用洞房鞋、多福鞋挑逗房中趣；审美功能：虎头鞋、狮球鞋等艺术造型；其他还有表演功能、珍藏功能、欣赏功能、把玩功能等。

三寸金莲最大的功能是女性把三寸金莲作为从下层社会跃入上层社会的跳板。鉴于三寸金莲对女性进行了重新的塑造。使其成为女性在社会上地位高低和身份上贵贱等级的重要标志。这些女子一旦有了三寸金莲这个炫耀美丽的资本就可以高攀官府、嫁于富贵、光宗耀祖了。所以在三寸金莲盛行之时，只有裹了脚才能进入温、良、恭、俭、让的上层女流之辈，不裹脚的女人则显得粗蠢无比而不入流。若是纤足女子与大脚女子不期相遇，前者则趾高气扬，自以为高人一等，而大脚婆娘只有瞧着自己的大脚心里发慌的份了。当年的民谣唱道："裹小脚，嫁秀才，吃馍馍，就肉菜；裹大脚，嫁瞎子，吃糠馍，就辣子。"正是由于社会上一不评长相，二不评身材，仅评三寸金莲的女子选美标准和民间只见脚不见面，只见鞋不见人的择妻原则，赋予了三寸金莲各种特权和优惠。致使在清代，哪怕满族妇女不缠足，全国妇女的缠足民风也达到了登峰造极的地步。顺治皇帝在下达"有以缠足女子入宫者斩"的禁令后，妇女仍照缠不误。康熙三年（公元 1664 年）又下令禁止女子缠足，终因积症难除，只能废除这一禁令，接着旗人女子也开始东施效颦。一直到民主主义革命时期才刹住此风。

 知识链接

"铁鞋"刑具

历代封建统治阶级，为了镇压人民群众，创造了许多骇人听闻的刑具，这些刑具是我国传统文化中最污秽的渣滓。在古代刑具中，脚部刑具样式众多，并且十分残酷。如最原始的木墩、铁脚镣、刖足，以及后来的夹棍、老虎凳等。其中，铁鞋是唐代曾用过的一种残忍无比的刑具。

铁鞋，是一种对待犯人的残忍刑罚。先按人的脚型用铁铸成一双鞋子，用刑时，先用火把鞋烤红，再令犯人穿上，此刑让犯人双脚烧焦烧烂，脚骨无存，有的当场惨呼而死，有的终身残废。这是多么残酷的令人发指的刑罚。

鞋履，原是人类创造的足衣，却被用来作为令人不寒而栗的刑具，这在令人愤慨之余，不禁引发人们对刑法和人的尊严的深思，它反映的是人类的残酷野蛮和自我摧残的行为。随着社会的发展，我国早已进入文明社会，特别是中华人民共和国成立后，一切酷刑均彻底废除。

帽子篇

第六章

探索帽子起源之谜

在古代，帽子是地位和权力的象征，帽式不同，显示身份的高低贵贱不同。一般只有男子才戴帽子，女子裹头巾。中国最初的冠冕不能算作帽子，帽子是经胡人传入中原后，逐渐发展而来的。在现代社会，追求时尚的女性喜欢戴帽子，男性反而很少戴了。

第一节　追寻帽子的历史

　　"帽"的象形文字，像一个四周用棉线缝制缀合的兜，下部开口，以便覆盖在头顶。除"帽"之外"冠""冕""胄"等，都是人们的首服。

■ 帽子简史

　　古人戴帽和戴冠的用途不同，戴冠是为了美观，起到装饰作用，而帽子最初的用途主要是抵御严寒。资料显示，在远古时期，北方人民大多爱戴帽子。直到秦汉时期帽子仍以西域少数民族所戴为多，中原地区除了给孩童御寒保暖外，一般人很少使用。

　　到了三国，由于连年混战，国家资源匮乏，鼎足而立的魏、蜀、吴三国，都没有力量来讲究汉代那一套冠冕衣裳之制了。诸葛亮曾经头戴纶巾指挥

过三军。而魏武帝曹操，干脆搞起了"服装设计"，他觉得上古时先民所戴的一种鹿皮弁比较轻便实用，于是采用来作为首服。因为鹿皮缺乏，只能用缣帛来代替，并且用缣帛的颜色来分别尊卑贵贱。曹操本人也戴这种首服，还将这种尖顶、无檐，前有缝隙的首服定名为"帢"。由于曹操的提倡，所以这种首服很快在朝野流传开来，并传诸后世。文武兼备的名人陆机，曾戴着它礼见宾客。凉州刺史张轨，临终时还要嘱咐下人，在他入葬时还要给他戴冠，只要"白帢"一顶即可。

两晋六朝时，戴帽者更多。这个时期帽子的作用已不限于御寒，春夏之季也可戴之。制帽的材料也有所变化，以前多用质地厚实的缣帛为之，选时则多用轻薄的纱縠，由于纱縠的结构稀疏，透气性好，所以常被用作制帽材料。

以纱縠制成的帽子称"纱帽"，这是两晋六朝男子的主要首服。上自天子，下及黎庶，皆喜头戴一顶纱帽。

纱帽的颜色，主要有黑白两种，白色多用于帝王贵族，黑色多用于百姓士庶。纱帽的款式似无定制，有的用圆顶，称"圆帽"；有的用方顶，称"方帽"；有的作成卷檐式，形似荷叶，称"卷荷帽"；有的制为高顶，形如屋脊，称"高屋帽"。《隋书·礼仪志》记："宋、齐之间，天子宴和，着自高帽，士庶以乌，其制不定。或有卷荷，或有下裙；或有纱高屋，或有乌纱长耳。"说的正是这种情况。

南北朝时，除了纱帽继续使用外，比较常见的还有风帽、破后帽、突骑帽等。风帽是一种附有下裙的暖帽，原先也以北族之人所戴为多，因为较适合于军旅，所以渐为中原人民采用，但多用于出行。齐永明年间，有人对其进行了改制，将风帽的后裙缚起，垂结于后，俗称"破后帽"。还有一种缚带风帽，以质地厚实的罽锦或皮毛为之，戴时覆首而下，垂裙千肩背，并在头顶系缚一带，束住发髻，俗称"突骑帽"，这种帽子多用于武士。

隋代承袭六朝遗风，戴纱帽者依然很多。据《隋书·礼仪志》记："开皇初，高祖常着乌纱帽，自朝责以下，至于冗吏，通著入朝，今复制白纱高屋帽……宴接宾客则服之。"一直到唐代，仍将纱帽用于礼服。如《新唐书·车服志》记："白纱帽者，视朝、听讼、宴见宾客之服也。"

由于唐朝政府对外来文化采取了兼收并蓄的态度，西域服饰对汉族服饰影响很大。在首服上的具体反映，则表现在胡帽的流行。

胡帽是中原地区汉族人民对西城少数民族所戴之帽的总称。具体地说，有锦帽、珠帽、搭耳帽、浑脱帽、卷檐虚帽等。

所谓锦帽，顾名思义，是用彩锦制成的帽。这种锦帽通常和被称为"胡服"的锦袍相配套，传入中原后，不仅用于男子，也用于妇女。

珠帽也称蕃帽，本指吐蕃、西蕃地区少数民族所戴的一种便帽。通常以彩锦、羊皮、绒毡等材料为之，因为帽上的纹样多由珠子缀成，故名。唐初，西城舞女在跳一种名叫"胡腾舞"的舞蹈时，就戴这种帽子。

搭耳帽是通常用厚实的织物或羊皮制成，帽顶尖耸，两侧缀有护耳，在室内时可将护耳翻上，外出时则将护耳耷下，以利保暖。

浑脱一名本来是指用牛羊皮制成的盛器，后来则将动物皮做成暖帽称之为"浑脱"。相传唐太宗时，长孙皇后之兄长孙无忌效仿胡俗，用乌羊皮做了一顶暖帽戴在头上，人们见了觉得非常美观，于是纷纷模仿，出现了"都邑城市，相率为浑脱"的盛况。可见古代已有"领导时装新潮流"的弄潮儿了。

宋代社会崇尚礼制，冠服制度等级差繁。

这个时期戴胡帽者已不多见。纱帽依旧时兴，尤其在士大夫阶层，更是受到普遍欢迎。纱帽的款式也千变万化，有的做成短檐，阔仅二寸；有的做成尖檐，形如杏叶；有的用光纱为之，微微泛光；有的加工成尖顶，取名"仙桃"。最流行的是一种高顶纱帽，以乌纱为之，顶高檐短，颇像高桶，因称谓"高桶帽"。据说这种帽子为苏东坡所创，苏东坡在被贬之前经常戴此，后来的士大夫为了表示对他的尊敬，纷纷戴起了这种帽子，并改其名为"东坡帽""子瞻样"（"子瞻"为苏东坡字）。

元代统治者在建立政权之

▲ 乌纱帽

前，长期生活在塞北，衣服履袜多以皮制，帽子也以皮质为多。定都之后确立服制，仍保留了这种习俗，只是在皮毛之外，蒙覆了各色织物。

明代男子所戴帽子种类繁多且因人而异，如官吏戴"乌纱帽"，宫廷近侍戴"刚叉帽"；太监戴"三山帽"；中军巡捕戴"棕结草帽"；浮浪少年戴"百柱帽"；贡监生员戴"遮阳大帽"等。至于普通男子，则戴一种圆帽，以纱、罗、缎、绒等材料制作，也有用马尾或人发编织的，通常裁为六瓣，缝合之后加以帽边；颜色以黑为主，夹里用红。相传这种帽式出自于明太祖朱元璋之手，制为六瓣，是寓意为六合一统，天下归一。因此定名为"六合一统帽"。清代男子沿用此帽，形制略有变易，有的制成平顶，有的制成尖顶；有的用软胎，有的用硬胎；帽边也有宽窄之别。在帽子的顶部，常装有一颗结子，有的还在额前钉缀一块方形玉片。由于这种帽式分瓣明显，形如西瓜，所以被称为"西瓜皮帽"，省称"瓜皮帽"。直到民国初期，仍有戴这种帽子者。

■ 动物冠角的启示

首服，顾名思义，是包裹"头部"的"衣服"，一般指帽子。今天妇女所用的头巾，也属于首服。在古代，首服除了巾帽之外，还有"冠"。冠和巾、帽用途不同，古人扎巾戴帽都有其实用的目的；唯有戴冠，仅仅是为了装饰。

相传古人戴冠是受鸟兽肉角的启发。古人观察发现，鹿、牛之兽类的头角和鸡、翟之禽的肉冠都异常美丽，便用骨、木、玉、石等材料加工成相似的冠角形状戴在头上，天长日久便形成了一种特定的首服。

早期人们的冠饰，的确有不少和动物冠角相似。许多考古资料可以证明这一说法，比较典型的是河北平山三汲战国墓出土的玉人，头上的冠饰和牛角十分相似。

第二节 冕冠与冠制

■ 冕冠的出现

周代服饰最具特色的是冕服。冕为天子、诸侯、大夫的祭服，在周代进行祭祀之礼，帝王百官必须穿着冕服。冕服是由冕冠、玄衣及纁裳等组成的。有关冕服的类别，根据《周礼·春官·司服》记载："王之吉服，祀昊天上帝，则服大裘而冕，祀五帝亦如之；享先王则衮冕，享先公、飨射，则鷩冕；祀四望山川，则毳冕；祭社稷五祀，则希冕；祭群小祀，则玄冕。"

冕服制度中的冕冠，是作为帝王、诸侯及卿大夫参加祭祀、典礼时最重要的一种礼冠。传说冕冠在夏朝时就已出现，当时称之为"收"。直到周朝，才称之为"冕冠"，简称为"冕"。

冕冠的形制，是在冠的顶部覆盖一块长方形木板，名"延"。"延"的上下裱以细布，上用玄色，下用纁色；宽八寸，长一尺六寸；木板前沿略呈圆弧形，而后部呈方正形，隐喻为"天圆地方"；整个冕板后高九寸五分，前高八寸五分，有前倾之势。在冕冠的前后两端，则垂以数条五彩丝线编成的藻。藻上穿以数颗玉珠，名为"旒"。着衮冕时旒为十二旒，每旒十二玉，以五彩玉贯穿之；着鷩冕时旒为九旒；着毳冕时旒为七旒；着希冕时旒为五旒；着玄冕时旒为三旒。其中十二旒为帝王所专用。冠身两侧各施小孔，名为"组"，戴冠后贯以发笄，以便使冠体与发髻拴住，以免坠落。在玉笄的顶端，则结有冠缨，名为"纮"，使用时绕过颔而上，固定在笄的另端。另在两耳处各垂一段丝绳，名为"紞"，天子诸侯丝用五色，臣则用三色。使用时上系于冠，下垂至耳，在"紞"的末端各系一颗玉石，名"瑱"，也有叫"充耳"。充耳的质料，天子用玉、诸侯用石，以提醒戴冠者勿听信馋言。

　　按照规定，凡戴冕冠者，都要穿着冕服。"冕服"是由玄衣与纁裳十二章纹所组成。玄衣即黑色的上衣；纁裳即绛色的围裳。上衣的纹样是用画绘，下裳的纹样则用刺绣。章施的纹样数目，因等级的高低而有所差异。最高等为使用十二种纹样，称之为"十二服章"，依次为：日、月、星辰、山、龙、华虫、宗彝、藻、火、粉米、黼、黻。每一章纹皆有含义，隐喻在位者的风操品行。如日、月、星辰取其照耀之意；山取其稳重；龙取其应变；华虫取其文采华丽；宗彝取其慎宗追远；藻取其洁净；火取其光明；粉米取其养民以天；黼取其果敢决断；黻取其能明辨。章纹有的用于上衣，有的用于下裳。

天子在最隆重的场合使用十二种章纹，王公贵族的祭服，则按公、侯、伯、子、男、卿、大夫的爵位等级，使用不同的章纹。例如，公服从山而下用九章；侯、伯服从华虫而下用七章；子、男服从藻而下用五章；卿、大夫服从粉米而下用三章。帝王只在最隆重的场合穿十二章；其他场合视礼节轻重而定，或用七章，或用五章，大致与冕冠上的旒数相配。例如，若冠用九旒，衣裳则七章；冠用七旒，衣裳则用五章，以此类推。

■ 显示身份的冠制

在等级制度森严的中国古代，帽子跟女人的关系很小，可以说女人从来不戴帽子，只有男人和帽子有关系，帽子是一种权力和地位的象征。帽子从一开始就体现着它的象征价值。

相传最早发明帽子的人是华夏始祖黄帝。奴隶社会时期，帽子起初只是在官僚和贵族阶层普遍使用，不用来御寒保暖，而是因其装饰象征着统治权力和尊贵地位。这时的帽子应该叫"冠"和"冕"。

阶级社会出现以后，冠饰和服色一样，成了统治者"昭名分，辨等威"的一种工具。《释名》曰："二十成人，士冠，庶人巾。"可见只有"士"以上的人才可以戴帽子，其他平民百姓都没有这个的权利。

只有贵族和官员可以戴冠，不同的冠显示其不同的身份地位和权力，由此逐渐形成一种森严的等级秩序，就是所谓的中国古代冠冕制度。

古代冠饰品种繁多，仅《后汉书·舆服志》一章所记，就有约20种。在这些冠饰中，最重要的一种叫"冕冠"。

冕冠是古代帝王、诸侯及卿大夫祭祀时所戴的礼冠。相传最早出

▲ 冕冠

现在夏代，当时称之为"收"。商代沿袭夏制，周代以后则称"冕冠"，省称为"冕"。在冠顶部盖一木板，名"延"，或称"冕板"。冕板为前圆后方的长形，象征着天圆地方。前高后低略向前倾，象征天子谦逊爱民。冕板的表面是细布，漆成上红下黑的色彩，象征天地，前后两端垂挂玉珠串，称之为"旒"，一串玉珠即为一旒。根据戴冠者的身份的不同旒的数目也是不同的，具体分为三旒、五旒、七旒、九旒及十二旒，十二旒是专用于帝王的。珠子的穿法也有严格规定，一般以五彩丝线编成细带，用以穿珠，称之为"藻"。穿珠时先在丝藻上绑一个小结，穿入一颗玉珠，之后每绑一个小结，就穿入一颗玉珠，这样玉珠悬挂起来就会整齐有序。玉珠愈多，垂挂得就越长，代表佩戴者的身份越显贵——天子一旒长可及肩。除此以外，冕冠上垂挂玉珠的主要作用是遮挡戴冠者的视线，使戴冠者的眼睛不看不正之物，

就算见到，也当作没看见，后世成语"视而不见"，就是由此而来的。

冕板下部是冠身，因为以铁丝，漆纱、细藤等编织为圈，故古人称之为"冠卷"。冠卷两侧有的对穿小孔，用于贯穿玉笄。戴时将先把冠圈放在头顶上，然后用玉笄绾起来，使冠身和发髻固定在一起，防止冕冠坠落。在玉笄的顶端，还绑有一道冠缨，使用时绕额而上，固定在玉笄的另一边。在两耳附近，还用丝绳垂挂了两块丸状玉石，被称为"充耳"。也有用黄色丝绵做成小球以代玉石的，佩挂"充耳"是为了"止听"，提醒戴冠者：切勿轻信谗言。和"视而不见"一样，这就是"听而不闻"一语的由来。

人们常用"冠冕堂皇"来形容一个人外表的端庄和严肃。不难想象，戴着这种冕冠，前后各有垂旒，两旁又有垂珠，沉重的冠体仅靠一支玉笄和一根丝带固结，戴冠者自然不能左顾右盼而只能正襟端立了。

关于冕冠形制的规定：周代以前的冕冠形制，到了汉代已经失传。西汉初年祭祀时，采用的是汉高祖刘邦创制的长冠。到了东汉明帝时代，政府专门调派了一批儒学者参考查找古籍，重定了冕冠制度。之后，历代相传，只是稍有改变。

从黄帝时代算起，帽子一直是古代统治阶级内部地位和权力的标志和象征，经历朝历代，虽样式上发生了变化，但是权力和地位的象征标志却更加细化，更加精确。到了民国建立时期，冠冕制度才被取消。

小礼帽

　　小礼帽也叫作汉堡帽，最初是德国男用帽，英语中称作 Homburg。与大礼帽的坚挺硬朗，圆顶硬礼帽的圆润坚实不同，汉堡帽受到欢迎的原因在于它的小巧柔和，并附带一种浪漫的气息。小礼帽顶部微陷，帽顶前两侧也微微内陷，自此以后绅士们不用再拿着帽边来脱帽了，可以用手指夹着帽檐上端，轻轻拿起，向对方致意。当年好莱坞的明星们都特别喜爱用这种潇洒的帽子亮相。

　　小礼帽独具休闲感，适用于很多非正式场合。后来，许多用于非正式场合的礼帽都以汉堡帽为原型，例如用草、竹篾等编成的草礼帽；裘皮、软呢、丝绒等仿制的布礼帽等都与汉堡帽式样相似，成为当今社会最常见的礼帽样式。

第三节 各个历史时期的衣冠

■ 魏晋南北朝时期

魏晋南北朝时期，历时 300 多年，是中国历史上战乱频繁、充满曲折的时期。

汉末政治逐渐腐败、社会经济动荡，董卓之乱，更导致形成了魏、蜀、吴三国鼎立的局面。

265 年，司马炎篡魏，结束了三国分裂，建立了晋。但短暂的"太康之治"后，中国又陷入了南北长期分裂与对峙的局面。

虽然魏晋南北朝时期战事频繁，但从另一方面却大大促进了文化的交流和融合。从整个历史来看，魏晋南北朝时期的思想、文化、艺术是一个既丰富又活跃的时期，少数民族文化与汉族文化也在这一时期得到广泛的交流。

北魏是由北方的少数民族鲜卑拓跋部所建，迁都洛阳后由孝文帝推行了全面的文化改革，大量地吸取了汉文化，在服饰上推行汉制。

通过"孝文改制"，群臣皆服汉魏衣冠。当时祭服全部改为汉制，朝服、常服也以汉服为主。同时广大南方人民在原来汉服的基础上，吸收了北方少数民族的服饰特点，一改以往的整副宽身的服饰形制，而沿袭北方民族习俗。在民间，深衣也逐渐消失。

■ 隋唐时期

581年，隋文帝杨坚统一了南北朝，结束了自汉末以来长达300多年的分裂割据局面。虽然其统治的时间不长，但无论是在政治上、经济上、文化上，都为唐朝奠定了坚实的基础。其服制基本沿袭南北朝之制，只是对个别衣冠做了一些调整。

唐代是中国历史上的一个鼎盛时期，在服制方面的发展也十分明显，尤其在盛唐时期，由于社会经济、文化的全面发展，安定的政治局面，为服饰制度的改革和发展提供了有利的条件。这一时期的中国文化进入了气度恢宏、史诗般壮丽的时期。英国学者威尔斯在《世界简史》中说："当西方人的心灵为神学所痴迷而处于蒙昧黑暗之中，中国人的思想却是开放的，兼收并蓄而好探求的。"唐文化还体现在兼容并蓄了外域文化，尤其是贞观、开元年间，中国的封建文化到了鼎盛时期，上承历史冠服制之源头，下启后世冠服制之径道，融合外域服饰的特点，形成了特色鲜明的唐服。

安史之乱后，唐朝逐步衰退，中国社会进入五代十国的割据和混

▲ 幞头

乱局面。盛唐之后的服饰基本上沿袭唐制，但逐步趋于简练、实用、保守。由于南方战争较少，南唐、西蜀、吴越等国不仅保存了中国传统的封建经济和文化，而且还得到了进一步发展，尤其在金陵、成都等地，其衣饰比北方服饰要考究得多，质料精美，丰富多彩。

首服、幞头是隋唐男子的主要服饰。由最初民间的包头布演变成衬有固定的帽身骨架和展角的形状。历经上千年的变迁，东汉形成，魏晋更加普及，成为男子的主要首服。"裁出脚，后幞头，故俗谓之幞头。"软裹唐巾的形态为两个巾脚后垂，随风飘动，也被称为软脚幞头。隋初的幞头沿袭北周的简单制式，用全黑色罗帕向后束发即可。自隋末开始，出现了一种新的饰物叫"巾子"，是在幞头下方加一固定饰物遮盖于发髻上，包裹出各种形状。初唐的幞头巾子顶部平整，整体位置较低，以后逐渐加高，中部略有凹陷。中唐后，巾子更高，左右分瓣，几乎变成两个前倾的圆球，称"英王踣样"巾子。开元年间，宫中还出现了"开元内样"。

幞头的两脚，一直发生着变化。初期像两条带子，从脑后自然下垂，到颈部或肩部。后来两脚渐渐缩短并反向弯曲朝上插入脑后，中唐时期出现的"软脚幞头"即是如此。中唐至五代时期，巾子已从前俯变为直立，两脚微微上翘，中间似有丝弦之骨，或圆或阔，向两侧展开。晚唐时巾子后仰，巾顶分瓣也不明显，称为"朝天幞头"。

到了唐代末年，有人想出更简便的方法，但这时的幞头已经成为帽子，不属于巾帕一类了。隋唐的首服中还有一种纱帽，是可以被用作上朝堂办公和宴见宾客的服饰，在一般隐士儒生中也十分流行。

■ 宋辽金元时期

北宋年间，由于丝绸之路被西复、回鹘、西辽所控制，使中国的服饰受外部的影响较少，宋代服装不像唐朝那样受胡服的影响。对汉族服饰产生重要影响的少数民族主要是契丹和女真，契丹番样头巾、青绿色男服、番鞍辔、毡笠以及铜绿、土褐色的女服纷纷传入，为汉族服装增添了新的式样和色调。辽灭后晋，将后晋的宫廷器物掠往北方，其官服采用了后晋的制式。在与北宋的长期战争中，契丹人建立的辽王朝将大量的北宋百姓、器物劫往北方（其中包括燕云十六州的织工），辽的服装逐渐汉化，形成了与宋类似的服装风格。同时，契丹衣装也相继传至南方，士庶男女相习成风，妇女以此装为常服。宋徽宗大观、政和年间，再次修订服制，其涉及面极广，其中包括皇帝冕服。至南宋，由于境况日下，人们的生活比较贫弱，服饰的发展也受到了一定影响。

五代十国后，辽、金和蒙古与两宋前后并存。1125 年金灭辽，

1234年蒙古灭金，1260年忽必烈即位成为蒙古大汗。1271年定国号为元。"辽"以契丹族为主，"金"以女真族为主，"元"以蒙古族为主。它们分别生活在中国的北方和东北地区，生活习惯、衣冠服饰和汉族的截然不同。它们的礼服制度既沿袭汉、唐、宋代特点，又具有本民族的特色。

1. 辽

辽在立国以前，生活在辽河流域。辽太祖在北方称帝时，衣冠服制均未具备。直到灭后晋以后，才在汉族冠服制度的基础上创立自己的冠服制度，并以辽制治契丹人，以汉制待汉人。然而皇帝、汉官均着汉服，太后及北族官吏则穿胡服，体制并不统一。

辽初，契丹男女皆以长袍为主，而且不论身份高低都穿这样的服装。与汉族长袍的"右衽"（前襟向右掩）不同，长袍左衽（前襟向左掩），圆领窄袖，袍上有纽袢扣，袍带较长，系在胸前，垂到膝盖。男女服装的区别在于：女子袍更长，袍内穿的是裙子。而男子下身穿的是裤子，裤管放进长筒靴里面，女子也穿长筒靴。

一般长袍的纹样较朴素，而贵族长袍则比较精致，绣有龙凤、桃花、水鸟、蝴蝶等。龙凤本为汉族的传统纹样，出现在契丹服饰上，反映了两族文化的相互影响。

袍料大多为兽皮，如貂、羊、狐等，其中以银貂裘衣为最尊贵，多为辽贵族所服用。

辽初，因为"以汉制治汉人，以契丹制治契丹"的统治思想，官员的服装也分为两套制式：南官穿汉服，北官穿契丹服（但是三品以上官员行大礼时一律要用汉服）。常服也分两种制式：皇帝及南官穿汉服，皇后及北官穿契丹服。

在辽代，皇帝和大臣可戴冠帽和裹巾，契丹男子多作髡发，意即"剔发"。许慎《说文》："髡，剔发也。"即保留一部分，剪去一部分。在古代中国，北方乌桓、鲜卑等民族，都有髡发的习俗。

契丹男子将头顶部分的头发剃光，只在两鬓或前额留下少量头发，有的在两耳前上侧留下一撮垂发与前额所留的短发连成一片，有的将左右两边头发修剪成各种形状，然后下垂至肩。

妇女发式较为简单，一般梳高髻、双髻、螺髻，或披发，额间以巾带扎裹，结帕巾。

2. 金

女真族，又称女直，隶属于辽两百余年。1115 年，女真族领袖完颜阿骨打称帝，定国号为金，打败了辽、北宋之后，统治中国北方地区长达一百余年。金朝的服饰，起初是沿用汉代的服装样式，得到宋朝半壁江山之后，又参考宋朝的制式并稍微做了点改动。据《金史·熙宗本纪》记载，天眷二年（1139 年），百官朝会始穿朝服，翌年制定冠服之制，上自皇帝冕服、朝服、皇后冠服，下及臣僚朝服、常服等，一一定明。大定年间，又补充了公服之制及庶民服制。至此，金代服制基本具备。

由于处于北方寒冷地区，服装多以皮制，也有使用布帛的。《大金国志》记："自灭辽侵宋，渐有文饰。妇女或裹逍遥巾，或裹头巾，随其所好。至于衣服，尚如旧俗，土产无蚕桑惟多织布，贵贱以布之粗细为别。又以地处不毛之地，非皮不可御寒，所以无贫富皆服之。富人春夏多以纻丝、锦衲为衫裳，亦间用细皮、布。秋冬以貂鼠、青鼠、狐貉或羔皮，或作纻丝绸绢。贫者春秋衣衫裳，秋冬亦衣牛、马、猪、羊、猫、犬、鱼、蛇之皮，或獐、鹿、麋皮为衫。裤袜皆以皮。"

游牧民族以狩猎为生的条件决定了金人的服装多是用环境色，穿与周围环境相似颜色的服装。金人服装颜色冬季喜用白色，这与北方寒天冰雪的气候有密切联系。

3. 元

元立国初，冠服车舆，皆从旧俗。据《元史·舆服志》记载可知，世祖统一天下，近至金、宋，远至汉、唐，但尚未有完整的冠服制度。至英宗时，始定服制，上自天子冕服，下至百官祭服、朝服以及士庶服色，皆有一定的章法。蒙古本是游牧民族，经济、文化比较落后，生活方式远不及汉族进步，而且衣冠服饰比较简朴。但元入主中原之后，在生活习俗上受到汉族较大影响，服饰日趋华丽。

蒙古族的服饰特点为以头戴帽笠为主，喜穿质孙衣，汉人译为一色衣，出入朝堂或大宴宾朋之时都是如此着装。只在冬夏季节上服装厚薄有所不同，蒙古服饰没有一定制度，上至勋戚大臣，下至乐工、卫士亦都穿这种服装。质孙衣虽有精与粗、上与下的分别，但总称为质孙。

质孙的形制是上衣连接下裳，衣式较紧窄且下裳亦较短，在腰部作许多襞积，并在其衣的肩背间贯以大珠。质孙本为戎服，便于乘骑，这在元代的陶俑及画中都可以见到。

比肩，俗称棒子答忽。这是一种皮衣，有表有里，较之马褂长些，类似半袖衫。

比甲前不分襟，也没有领、袖，后面之长倍于前面，用两襻结之，原为男子马上的服饰，当时人都效仿而服用。

在元代，官民都喜欢戴帽子，帽槽形状也多样，有前圆后方的，也有瓦楞式的。式样类似于明代南方小孩戴的五彩帽、金线帽。在元代，服装以长袍为主，样式比辽制要略宽大些。男子公服一般遵从汉制，材料以绫罗为主，盘领大袖，下长过膝，俱右衽。用服饰颜色和纹样标示官职等级。如一品至五品，袍用紫色；六至七品，袍用绯色；八至九品，袍用绿色。所绣纹样，一品用大朵独花，花径五寸；二品用小朵独花，花径三寸；三品用散答花，花径二寸，无枝叶；四、五品用小朵花，花径一寸五分；六、七品用小朵花，花径一寸；八品以下则不用纹样。而元代妇女，尤其是皇后、妃子，仍服本族之服。贵者大多以貂鼠为衣，戴皮帽，一般人家则用羊皮和毛毡一类的衣料。

元代衣有袍，其形宽大而长，大袖在袖口处窄小。贵妇之袍长至拖地，行走时需女奴拽之，类似汉族士人们所穿的道服，多以大红织金、吉贝锦、蒙茸、锁里为尚。

蒙古族妇人之袍可作礼服用。北方汉人称此种袍式为团衫，南方汉人又称之为大衣，其实是一种东西，只因语言的习惯而叫法不同。

在蒙古人的首服中，以罟罟冠最有特色，罟罟又称故故、固罟、顾姑、固姑、鹧鸪等名，其都是由译音而来的。其形在《黑鞑事略》所载："故姑制，画木为骨，包以红绢金帛。顶之上，用四五尺长柳条，或银打成枝，包以青毡。其向上人，则用我朝翠花或五彩帛饰之，令其飞动；以下人，则用野鸡毛。"罟罟冠的高度说法不一，大抵以高二尺许为准，如加顶上羽毛，可能在三尺以上。这种罟罟冠为蒙古族妇女专用服，戴罟罟冠的汉族妇女只是在元的都城内偶尔可见。

■ 明朝时期

元末国力衰退，朝廷加紧盘剥，导致农民起义的爆发。1368 年，朱元璋建立了明朝。明朝是中国历史上社会内部结构发生缓慢而又重大变化的朝代。资本主义生产关系的萌芽也在这时出现。

明朝中叶以后，因为商品经济的繁荣，在江南一带的一些城市出现了资本主义生产关系的萌芽。手工工场的大量涌现促成了生产规模化，生产力大大提高。当时丝织业发达的江南杭州、苏州等地成为纺织中心，纺织品的生产呈多样化，这为明代大规模地改革冠服制度提供了有力的基础。

明朝十分重视整顿和恢复传统的汉族礼仪。明初，禁胡服、胡姓、胡语，并废弃了元朝服制，根据汉族的传统服饰文化，上采周汉，下取唐宋，规定了新的服饰制度。洪武元年（1368年），学士陶安等人提议根据传统服制重新制定皇帝礼服。洪武三年（1370年）冠服制度初步形成，主要有皇帝的冕服、常服；后妃的礼服、常服；文武官员的朝服、常服及士庶的巾服。洪武二十六年（1393年）在冠服制度又做了一次大规模的调整。明代的许多服饰都在这次调整中定型，同时制定了有关服饰的许多禁令。万历之后，由于禁令松弛，鲜艳华丽之服遍及黎庶。

明代，男子的服饰回归传统，百姓穿袍衫。朝廷官员的礼服承袭古制，戴冠冕穿朝服。明朝皇帝除传统的朝服、礼衣冕服、玄衣、纁裳、十二章衮冕服外，还有乌纱折角向上巾，束带，以金玉、琥珀、犀角为饰，足着软靴的常服。

朝臣官吏都戴梁冠（有横脊的礼冠），穿赤罗衣（红色的软丝织

▲ 梁冠

品制成的衣服）、白纱中单（衬衣），用青色的领缘（领子的边），青缘赤罗裳，赤罗蔽膝（遮盖大腿至膝部的服饰）。革带（皮做的束衣带）用赤、白二色绢，革带佩绶（佩：身上的玉饰，绶：用来悬挂印佩的丝织带子），白袜黑履。冠上的梁数及所佩带绶用来区别官职的品级，在革带的饰别与执笏的质料上，凡一品冠七梁，不用笼巾貂蝉，革带用玉，绶用云凤四色花锦；二品冠六梁，革带用犀，绶同一品；三品冠五梁，革带用金，绶用云鹤花锦；四品冠四梁，革带用金银花，余同三品；五品冠三梁，革带用银，绶用盘雕花锦；六品、七品冠二梁，革带用银，绶用练鹊三色花锦，御史加獬豸冠；八品、九品冠一梁，革带用乌角，绶用二色花锦。所执的笏板，一品至五品为象牙，六品至九品为槐木。在典祭大礼时服用朝服，平素皆用常服，如上朝执事，平时也可穿。常服是乌纱帽、圆领衫、束带，下穿大口裤，足着软靴。

　　洪武二十六年（1393 年），定职官常服用补子，文职一品的补子用仙鹤，二品用锦鸡，三品用孔雀，四品用云雁，五品用白鹇，六品用鹭鸶，七品用鸂鶒，八品用黄鹂，九品用鹌鹑，杂职用练雀，风宪官用獬豸。武官一品、二品用狮子，三品用虎，四品用豹，五品用熊罴，六品、七品用彪，八品用犀牛，九品用海马。

职官公服则穿袍。其为盘领右衽袍，在京文官每日晚朝奏事及待班、谢恩、见辞或外文官每日清早办公时服用，一品至四品为绯袍，五品至七品为青袍，八品至九品为绿袍，未入流杂职官，其袍、笏与八品以下相同。袍上所绣纹样，一品用大朵花，径五寸；二品用小朵花，径三寸；三品用散花，无枝叶，径二寸；四品至七品用小杂花，四品、五品径一寸五分，六品、七品径一寸；八品以下无花纹。

■ 清朝时期

1616 年，女真族首领努尔哈赤统一各部，建立了后金政权。其子皇太极继位后，1636 年称帝，改国号为大清。顺治元年（1644 年）清世祖入关，定都北京，逐步统一全国。18 世纪后期，中国成为东亚地区最强大的封建国家。自鸦片战争以后，随着各资本主义列强的入侵，中国成为一个半殖民地半封建的社会，直至资产阶级领导的辛亥革命推翻清王朝，结束了中国长达两千多年的封建专制制度。

在清朝统治的 268 年间，满族入主中原，满汉两种不同的文化在相互的碰撞中得以交流，在相互渗透、交融的过程中，满族的服饰文化也得以丰富和发展，新的满族服饰不仅保留了满族的传统特征，还吸收汇入了大量汉族服饰的元素。而汉族服饰在其早已成熟、定型的基础上，融进了其他民族元素，使之呈现出崭新的面貌。这就是不同文化在碰击融合之中放出的异彩、结出的硕果。文化的接触应该是有选择的融合，而非绝对地排斥；应该是互为补充，相互吸取营养，而非简单地合并或代替。

清朝品级冠饰有朝冠、吉服冠、行冠、常服冠等。冠又分为冬、夏两种，一般冬天所戴的冠饰叫暖帽，夏天所戴的冠饰称凉帽。按规定，每年三月换戴凉帽，八月换戴暖帽。

礼冠中有朝冠和吉服冠之分，主要区别在于冠顶。朝冠的顶部一般饰有尖形宝石，中间有球形珠宝，下面是金属底座。吉服冠的顶比较简单，仅有球形珠宝及金属底座，底座用金或铜制成，上面有镂刻花纹。

冬天所戴暖帽，帽檐向上翻折，顶部装有红色帽帏，帽帏之中装饰有顶珠，缀东珠、火珠、龙、凤、金翟，颜色有红、蓝、白、金等色。金翟尾垂珠长及肩背部。青缎的带与垂珠相似，冠后有护领。

夏天所戴凉帽，无檐，形如圆锥。清初偏好扁而大的，以后流行高而小的帽，帽檐敞开，上缀舍林，饰东珠。冠内缀圆箍，箍两边用缎带系住，缚于颌下。

翎冠是以孔雀尾的翎羽做冠顶上的装饰，顶珠之下有翎管一支，用于安插翎羽。翎羽插在翎管上，拖于脑后。清朝的翎子分花翎和蓝翎两种。花翎用孔雀翎毛制成，蓝翎用鹖羽所制。蓝翎为贝勒府司仪长，王府及贝勒府二、三等护卫所戴。花翎根据孔雀尾端的彩色斑纹，即"眼"

的多少区别官品，以眼多为贵。康熙以前，有三眼、二眼、一眼的花翎，康熙时有了四眼、五眼的翎冠。

明代的六合一统帽最早出现在明太祖洪武年间，清代称之为"小帽"，又称"秋帽"，俗称"瓜皮帽"，官民日常家居可戴之。清初，帽顶造型多为圆形，后来又有平顶形、尖顶形。帽胎有软胎和硬胎，圆顶和平顶的帽都是硬胎。

光绪年间，上海流行戴红风帽，以绸缎或呢为面料，并用锦修饰帽檐。戴时加在小帽上，和尚、尼姑以及老太太也戴风帽，颜色都为黑色。

官吏外出遇雨，戴雨帽，多为尖顶，以细竹为胎，外蒙油绢、油纸羽毛缎，并以颜色辨认等级。

知识链接

国外的帽子风潮

1917年，钟形帽风靡一时，其设计特色在于帽檐可以遮住一只眼睛，"时髦从眉毛开始"一说也由此兴起。这种帽子一直流行到1920年。

1930年以后，帽子的设计更加别具一格。因为当时的社会风潮趋向于超现实主义，帽子款式设计也受到影响，出现的款式五花八门：头巾式女帽、三角帽，甚至还有将鞋子反转搁在头顶的夸张设计。

二战期间，因为社会动荡、物资匮乏，帽子的款式又趋于实用。这种沉闷而缺乏创意的氛围一直延续到1947年，1947年天才设计师迪奥成功塑造了"新形象"时尚造型，这种设计被称为"花冠线条"，基础灵感源自一朵向上的花儿，反映在人身上就是细腰大摆裙再搭配一顶灯罩式宽帽，这种设计成为当时公认的最经典、最有品位的装扮。

这种"新形象"造型的出现带动了传统宽檐软边帽和平顶硬帽风潮的复苏，这类风格的帽子再度受到人们的青睐。人们用法兰绒、塔夫绸、人造纤维以及艳丽的羽毛等材料来制作制作帽子。

20世纪50年代，无边平顶小筒形帽受到推崇。自从美国前总统肯尼迪的夫人杰奎琳在一次社交场合戴着这种小帽出现以后，无边平顶小筒形帽便受到众人的喜爱，盛行一时。配合当时的一股怀旧热潮，还出现了带面纱和织物衬里的帽子。

时间转到了今天，戴帽的必要性逐渐减弱，沦为只在正式场合或有实际需要时才使用的饰物，其霸权地位不复存在，只有少数人一直对帽子情有独钟，比如英国女王。

不过，近期一些西方电影中出现的传统服饰和帽子再度吸引了人们的注意，再加上明星的示范效应，促进了戴帽风气，另外，像斯蒂芬·琼斯和菲利浦·崔西等女帽设计大师的出现，把帽子再度带回了时尚潮流的舞台。

第七章
帽子的发展演变

　　中国妇女用于行礼的冠饰，向以凤冠为重。长期以来，戴凤冠，著霞帔，一直被视为妇女的最大荣耀。"凤冠"几乎成了"贵妇"的代名词。此外，还有平民百姓戴的头巾、乌纱帽的前身幞头，等等。那么，它们是什么时候出现的呢？它又是怎么发展演变的呢？

第一节 凤冠与头巾

■ 凤冠的发展演变

古代戴冠者不限于男性，女子也可戴之。不过最初戴冠者多为宫廷中的妇女。如秦始皇时，令三妃九嫔，于暑天戴芙蓉冠子，用碧色纱罗制成，冠上还插有五色通草编成的饰物。这种冠子一般是不登大雅之堂的，更不能戴着它行礼。

据《周礼》等书记载，周代妇女跟随丈夫参加祭祀，虽然也用首服，

▲ 凤冠

但这种首服不是冠饰，而是假髻。在假髻之上，再安插一些首饰。秦汉时期仍沿袭这一遗俗。

汉代以后，以凤凰饰首的风气在贵族妇女中日益多见。在妇女首饰中，

不仅有凤凰形簪、凤凰形钗，而且还有凤凰形冠。晋代王嘉《拾遗记》中就记有石季伦"使翔凤调玉以付工人，为倒龙之佩，为凤冠之钗"的情况。这是现存史料中关于"凤冠"的较早记载。另外，在甘肃榆林窟壁画上还绘有凤冠的形象。如画中五代回鹘公主曹夫人所戴的冠饰，就雕琢有凤凰之形。但这个时期的凤冠。还不属于真正的礼服。

正式将凤冠定为礼服，并将它收入"冠服制度"，是从宋代才开始的。《宋史·舆服志》记北宋后妃在受册，朝谒景灵宫等隆重场合，头上都戴着凤冠等妆饰。宋朝政府从汴京（今开封），南迁到临安（今杭州）以后，又对凤冠作了改制，除原来的凤晕花饰外，还增添了龙的形象，名谓"龙凤花钗冠"。戴这种凤冠的贵妇形象，在传世绘画《历代帝后像》中可以看到。

元代后妃及命妇行礼，通常不戴凤冠，而戴一种颇有时代特色的顾姑冠。在这个时期的史书中，常常可看到"罟罟""箍箍""姑姑""固姑"等名称，所指的都是这种冠饰，因为从蒙语音译而来，所以有各种不同的写法。顾姑冠的造型非常奇特：一般用铁丝、桦术条或柳枝编成框架，冠体窄而耸高，通常高度在 66 厘米以上，有的高达 130～160 厘米；在框架的外围，则裱以红色或青色的皮，纸、绒、绢等物，另饰以金箔珠花。冠顶部分还插有细枝若干，并饰有翠花、绒球，彩帛、珠串及翎子等物，走起路来，冠上的珠串一摇一晃，冠顶的翎子迎风飞扬，好不威风！这种冠饰的出现，可能与蒙古族传统的生活习俗有关，因为蒙古为游牧民族，居无常所，平时离不开乘骑，骑马行走在荒芜的塞外，冠体越高，就越容易辨认。后来入主中原，统治了中国，贵族妇女再也不要随夫奔波了，但仍将这种冠饰用作礼冠。不过冠体太高，也常常给戴冠者带来麻烦，使得她们在乘舆外出或出入门楣时，不得不将顶饰拔下。即便如此，还要时常注意蹲身垂首。元亡之后，这种冠饰也就随之而消亡。

明代从元人手中夺得政权。对恢复汉族传统礼仪特别重视。明初建国，就规定皇后在册封、谒庙及重大朝会时必须戴凤冠。凤冠形制比宋代复杂，如洪武三年（1370 年）定制：皇后凤冠，圆框之外饰以翡翠。上饰 9 龙 4 凤，另加大小花各 12 枝，冠的两旁缀两扇云形片饰，称"二博鬓"，用十二花钿。永乐三年（1405 年）又定：冠用涂过漆的竹丝为圆框，外帽翡翠用翠龙 9 条，金凤 4 只，中间一龙口衔一颗大珠，其余之龙口衔珠滴，冠上另加有翠云 40 片，大珠花 12 枝，每枝上饰牡丹花两朵，小花也用 12 枝。两旁另附有"三博鬓"。

这些凤冠的形象，在《历代帝后像》中都有比较具体的描绘。如画中孝恪皇后所戴的凤冠，除凤凰数目多出两只外，其余都和文献记载相符，显然是明初时的格式。画中孝贞纯皇后所戴的凤冠与此不同：顶上缀以龙凤，凤嘴衔下一挂珠滴，四周有大小相同的珠花，耳鬓之处有三片"博鬓"垂下。据史籍记载，孝贞纯皇后之号是明孝宗即位以后才追封的。

1957 年，考古工作者从北京明定陵发掘出 4 顶凤冠实物，这些凤冠因为在安葬前被盛放在特制的朱漆箱子中，所以保存得非常完好。

由此可以看出，当时凤冠的具体做法是用竹篾等材料为骨架，先编成一个圆框，在圆框的两面各裱糊一层罗纱，然后将事先加工好的龙凤及珠花等装缀在冠上。龙凤以金丝编成，并镶嵌有翠羽，冠顶正中的金龙口中衔着一颗晶莹的宝珠；左右二龙则各衔一挂珠串，这种珠串即史书中所称的"珠滴"；凤嘴之中也衔有珠宝。整个凤冠造型美观，制作精致，堪称传统工艺美术制品中的瑰宝。

明代妃嫔跟随皇帝参加祭祀或朝会，和皇后一样。也戴凤冠。不过凤冠上的装饰物有所不同，主要的区别是不用金龙，而用9只鸟代替，以示等差。这种类型的凤冠，在江西南城的一座明妃墓中也有出土：冠身以藤篾编成，外蒙黑色罗绢，四周饰有用硬纸及绫装裱而成的云朵，云上粘贴有鸟的羽毛。整个冠上镶嵌有点翠珍珠3千余颗。在冠体顶部的鸟尾上，还装有金钿花21朵。另在冠的两侧。各插一对用金片錾刻而成的凤钗，凤尾也由5片长条形金叶剪制而成，尾下则以金丝卷成绒毛。在凤钗的脚上，还刻有铭文，详细记载了这顶凤冠的制作年代，作坊名称以及凤冠上各个部位的重量等等。

根据明代制度规定，除皇后，嫔妃可以戴凤冠外，其他人一般不准私戴，内外命妇礼冠，形状虽然和凤冠相似，但冠上不得用凤凰，只能用金翟。但实际情况并非如此，一些达官贵戚为了炫耀自己的富有，常常为自己的母亲和妻妾置办各种各样的凤冠。嘉靖朝权贵严嵩，家中就有十多顶凤冠，凤冠上的装饰并不比后妃逊色。除此之外。他的子女也加以效尤。在严嵩被革职之后，人们从他儿子严世蕃府邸中，就查抄出珍珠五凤冠6顶，共重93两。珍珠三凤冠7顶，共重53.1两。这些凤冠原先都是实用之物。

出土实物也能反映出这种情况。如1955年，考古工作者从甘肃兰州西郊的明彭泽夫人墓中，发掘出一顶凤冠实物，根据随葬墓志记载，彭泽之妻吴氏，身前受封"一品命妇"，身份虽然不低，但严格地说，也不具备戴凤冠的资格。

由于这种情况十分普及，所以朝廷也不加干涉，时间一长，人们便将命妇的礼冠混称为"凤冠"，贾宝玉对李纨所说的"凤冠"，实际上也是冒牌货，严格地说，应该称为"礼冠"。

明亡之后，中国的传统服制尽数被废，但以凤冠装饰妇女首服的做法却得到了保存。清代后妃参加庆典，都戴一种折檐软帽，帽上覆有红色丝纬，在丝纬的四周，即缀有7只金凤，另在帽子正中，还叠压着3只金凤，每只金凤的顶部，各饰一颗珍珠。清代称这种首服为"朝冠"，事实上这也是一种凤冠，只是为了区别明制，不这么称呼罢了。

■ 头巾的发展演变

古代女子年届15岁，例应举行"笄礼"，以示成人。男子成年礼比此略晚，大多在20岁时举行。到时也要举行个仪式，名谓"冠礼"。冠礼通常在宗庙举行。具体日期由其父亲占卜决定，同时决定主持加冠仪式的来宾。行礼之日，将冠礼的男子立于屋内，宾客族人入庙就坐之后，请出男子，便开始行礼。

从商周开始，长期以来，这个仪式是不分尊卑都要经历的。我们读《二十四史》帝王本纪，常常看到"加元服"之说，如《汉书·昭帝本纪》："四年春正月丁亥，帝加元服。"这里的"加元服"就是指帝王的加冠之礼。"元"在古代作"头"解，我们今天所说的"元首"一词，还保留着一部分本义。行过冠礼之后，男子的首服就不一样了，根据《周礼》规定：士以上的尊者可以戴冠；普通庶民裹一块头巾。直到汉代依然如此。如《释名·释首饰》所记："巾，谨也。二十成人，士冠，庶人巾。"

因为头巾只用于庶民，所以就有用头巾来称呼庶民的情况。例如，春秋战国时期，一般士兵都用青布包裹头发，于是，普通士兵直接被称为"苍头"。《战国策·魏策》中就有"苍头二千万"的说法。这些士兵出身低微，后来，统治阶级索性以"苍头"称呼百姓。除此之外，也有将百姓称为"黔首"的，黔为黑色，"黔首"就是指黑色头巾。由此可见，头巾是社会地位低下的标志。

但这一现象到了东汉末期有所松动。

东汉晚期，战争不断，引起这一变化有多方面的原因。首先是战争的关系。汉末，各种战乱接踵而至，将军武士平时胄甲难以离身，稍有闲暇，便想松弛一下。和冠帽相比，头巾在首服中是最轻便不过的了。而武士在戴盔帽之前，本来就衬以布帛，所以到时只要将盔帽一除即可，不必另用首服。

一些统治者出于个人隐私而加以提倡，也是引起头巾"身价"提高的原因。据说汉元帝因为自己的额发长得非常丰厚，怕被别人看见指指戳戳，认为他缺乏智慧，不够聪明，所以用头巾覆首。又如王莽，是个秃顶，为了掩盖自己的缺陷，所以即便戴冠，也要在冠下扎一块头巾。俗话说："上之所好，下必甚焉"，时间一久，就蔚为风气。

另外，受老庄学说影响的玄学，在当时上层人物心目中占一定地位，人们对传统仪俗礼法的重视程度大不如前，往往将戴冠看成是累赘，以扎巾为轻便。由于这些错综复杂的原因，使头巾这种庶民首服一变而成为上流社会的"流行服饰"。

魏晋南北朝时，戴头巾的男子仍然不少，尤其在读书人中更为时兴。头巾不仅用于家居，也用于礼见，甚至还可代替盔帽。纶巾是一种用较粗的丝带编织而成的头巾，这种头巾质地厚实，较适合保暖。在魏晋南北朝时，不仅用于男子，同时也用于妇女。十六国时赵国国君石虎皇后外出，让1千名女从骑马护卫，这些侍卫就全部头裹纶巾。

纶巾多用于秋冬。在春夏之季，一般多用缣巾、葛巾。缣巾是以细密的丝绢制成的头巾，质地柔软、轻薄，戴在头上有飘逸感。葛巾则是以葛藤为原料加工而成的头巾，质地硬挺，透气性好。相传东晋名士陶渊明隐居山林，平常就一直裹一顶葛巾。有时还以这种头巾来滤酒，用后仍然裹在头上，反映出当时文人落拓不羁、豪爽奔放的生活习性。后代诗人对此常有吟唱，并称之为"漉酒巾"。如唐颜真卿《咏陶渊明》诗："手持《山海经》，头戴漉酒巾。"牟融《题孙君山亭》诗："闲来欲著登山屐，醉里还披漉酒巾。"

最初的头巾往往是一块方帕，用时随意系裹，后来觉得每天系裹有所不便。于是干脆将其缝缀，形如帽子，到时只要往头上一套即可，省去了临时系裹的麻烦，而且还可以根据需要，将头巾折叠制成各种形状。

角巾就属于这种形制。所谓角巾，就是有棱角的头巾，叠制时将头巾折出角来。这种巾式出现于东汉。

北周时，人们又将宽窄相同的方形头巾裁出四脚，裹发后两脚系缚在头顶。另外两脚则垂于胪后，名谓"幞头"。幞头是隋唐时男子的主要首服。一直到宋代，仍然沿用不衰，并发展成一种官帽，上自帝王，下至百官，除了祭祀，礼见翰会均可戴此。

由于幞头成了官服，所以来元时期的士庶阶层无人问津，这个时期的文人雅士，又崇尚起系裹头巾的旧习。

宋元时期的头巾形制变化很大，名目繁多，有的根据款式定名，如圆顶巾、方顶巾、琴顶巾等，有的以质料定名，如纱巾、绸巾等。有的则以人名命名，如东坡巾、程子巾、山顶巾等。各种身份不同的人物，往往采用不同的头巾。一个人走在街上，人们只要看一看他的头巾，就可知道他大致从事何种职业。如宋人吴自牧《梦粱录》记载："士农工商、诸行百户农巾装著，皆有等差……街市买卖人，各有服色头巾，各可辨认是何名目人。"

这种风习到了明代有增无减，明代男子对头巾的崇尚程度，超过了以往任何时代。在这200多年间，先后出现的头巾款式，不下

▲ 东坡巾

中国古代鞋帽

三四十种。网巾是明代男子用于束发的一种网罩，不分尊卑贵贱，均可用之。通常以黑色丝绳、马尾或棕丝等编成，平时家居可露在外面，有官者外出，则在网巾上加戴官帽。

在明代头巾历史上，网巾使用的时间最长，从明初一直用到明亡。清兵入关后，因为强迫汉族男子剃发蓄辫，这种首服才被废弃。但仍有热衷于此者。据清代笔记记载，清兵攻下江南之后，有明代遗民携两个仆从，因不肯改变明式服装，被逮捕入狱，随即被狱吏褫去网巾衣冠。主人愤怒地对仆从说："衣冠者，历代各有定制。至网巾，则我太祖高皇帝创为之也。今吾曹国破即死，岂不忘祖制乎？汝曹取笔墨来，为我画网巾额上。"于是三人相互对画，天天如此，直到被杀。

方巾是明代读书人所戴的一种头巾，实际上是一种被缝制成四方形的便帽。有官之人平时在家也喜戴之，其制以黑色纱罗制成，可以折叠，展开时四角皆方，故名"方巾"，也有称"四角方巾"的。据说也出现在明太祖时。

入清以后。由于发型的改变，戴巾者极少。近代男子剪除了辫子，皆作短发，也不用头巾。头巾这种首服便逐渐销声匿迹。只有在一些寺庙中，仍保留着它的遗迹。

第二节　幞头与抹额

■ 幞头的发展演变

幞头是汉魏时流行的方形巾帕中演变出来的一种首服。本来也是头巾，北周时武帝宇文邕觉得以方帕裹头不太容易系结，所以特地在方帕上裁出四脚，并将四脚接长，形成阔带。裹发时将巾帕覆盖在头顶，后面两脚朝前包抄，自上而下，于额上系结；前面两脚则包过前额，绕至脑后，缚结下垂。经过这么一番改制，在系裹时就方便得多了，裹在头上也不易散开，所以很快在军旅及民间流行起来。

到了隋代大业十年（614年）吏部尚书牛弘向朝廷提出，幞头的质地过于柔软，裹在头上不太美观，建议在幞头的里面增加一个衬垫物，使用时扣覆在髻上，再用巾帕系裹。这样可使裹幞头在外观上显得硬挺一些。牛弘的这个建议，虽然得到了朝廷的批准，但似乎没有迅速普及。一直到隋唐交替时期，使用的人才渐渐多了起来。武德以后，人们系裹幞头，都在巾帕里面加上一个衬物。这个衬物名叫"巾子"。

它和汉魏时单指头巾的"巾子"名同而物异。

制作巾子的材料有多种，有的用桐木削制，有的用竹篾编织，考虑到蒙在外面的巾帕有时质地比较疏朗，所以巾子的表面常被漆成黑色。不同的巾子形状，决定了不同的幞头造型，这一特点在唐代反映得尤为突出。

首先流行的是"平头小样"。这种巾子一般呈扁平状，顶部平齐，没有明显的分瓣，在唐高祖、太宗、高宗三朝，人们所用的巾子，基本上都作这种种式。初唐画家阎立本所绘的《步辇图》中，就有用这种巾子的官吏形象。

其次是"武家诸王样"。它的样式比平头小样要高。顶部出现明显的分瓣，中间部分则呈凹势。因为是武则天创制，后赏赐给诸王近臣的，所以被称为"武家诸王样"，或称"武氏内样"。后来流传到民间，成为一种时兴的巾式。

取代"武家诸王样"的是"英王踣样"。这种巾子产生于景龙四年（710年），它比武家诸王样更高，头部微尖，左右分成两瓣，并明显地朝前倾跌。"踣"字即指倾跌的意思。除英王踣样外，在当时还出现过"魏王踣""陆颂踣"等名目，都属相同类型的巾子。开元以后，人们嫌这种前倾的巾子不太吉利，潜伏着"倾覆""倾跌"的凶兆，所以纷纷加以遗弃。

这种巾子被淘汰以后，社会上又流行起一种"官样"巾子。这种巾子出现在开元十九年（731年）。其样式比"英王踣样"还高。左右分瓣明显，并形成两个圆球，但没有明显的前倾之势。因为最初系唐玄宗亲赐给供奉官及诸司长官所戴，故名。也有称"内样"或"开元内样"的。

在很长时期内，巾子一直被做成硬质，这是由制作巾子的材料所决定的，为了将幞头包裹成各种形状，巾子通常以木料、竹篾等材料为之，新疆吐鲁番阿斯塔那唐墓中即出土有用葛藤编制成网状的巾子。然而在武则天时，还出现过一种软质巾子，即在幞头之内填充丝葛一类织物。

在晚唐以前，尽管巾子样式有所不同，但幞头的裹法基本一致，都是将巾帕裁出四脚，蒙覆于首，二脚折上，系结头顶，二脚绕后，缚结下垂。这种幞头俗谓"软裹"。有人嫌这种裹法不够服帖，在系裹前特地将巾帕放在水中浸湿一下，乘湿包裹在头上，干后就显得非常精神。据说创造出这种裹法的是唐代兵部尚书严武，以这种方法包裹幞头，俗谓"水裹"。

晚唐以后，又出现了"硬裹"之制。所谓硬裹，就是用木料做成一个头箍，然后将巾帕包裹在头箍上，使用时只要往头上一套，不需要再临时系裹。

进入五代，幞头又有很多变异，最大的变化是用漆纱代替原来的巾帕，俗称"漆纱幞头"。漆纱幞头是在硬裹幞头的基础上形成的。起初，人们用藤葛等材料制成内胎，再蒙上纱罗，并在纱罗上涂上一层厚漆。使用时连内胎一起戴在头上。后来觉得漆纱干后本身已经很坚固，没有必要衬以内胎，干脆就省去了藤里。这种幞头通常被做成方型，顶部分为两层，前低后高，低者紧贴于额顶。高者内空，纯用于装饰。这种幞头实际上已成了一顶帽子。

由于幞头改用漆纱制成，且成了帽子，前后四脚也随之发生了很大变化。首先是废弃了原来附在额上的两脚。接着又对脑后的两脚进行了改制，以铁丝、竹篾等硬质材料为骨架，制成左右两个"硬脚"，外蒙漆纱，这种硬脚的出现，为宋代以后幞头的发展奠定了基础。

宋代以后的幞头变化，主要就反映在这硬脚上，由于硬脚内衬有铁丝、竹篾等材料，所以可弯制成各种形状，在宋元时期，曾出现过各种造型的幞头之脚，比较典型的有直脚幞头、曲脚幞头、交脚幞头、高脚幞头等。

明代官帽也取式于幞头，其制以铁丝编成框架，外蒙乌纱，造型为圆顶式，也分上下二阶，左右各插一个帽翅。帽翅的前身就是硬脚，在明代，这种帽子被称为"圆帽"，民间则称其为"乌纱帽"，因为这种帽子专用官吏，所以后来就引申为"官职"的代称，取得了官位，叫"戴上了乌纱帽"，革职罢官；则叫"丢了乌纱帽"。直到现代，仍有这种说法，不过很少有人知道，这种乌纱帽的前身就是幞头。

■ 抹额的发展演变

头巾在古代不仅用于男子，也用于妇女。我们从广东佛山汉墓出土的陶俑及山东沂南汉魏墓出土的石刻上，就能看到系扎头巾的妇女形象。

在男子崇尚纶巾的年代，妇女也喜欢用纶巾裹发。《邺中记》中就载有石虎皇后出行，"以女伎一千人为卤簿，皆著紫纶巾"的情况。《梁书》中也记有一个故事，说的是有个姓贺的男子，少年有志，出外游学积年不归，身边所带的盘缠全部用尽，在隆冬时还穿着单薄的夹衣，走在街上瑟瑟发抖。一日在白马寺，碰到一位容服甚佳的妇人，见他被冻成这个样子，连忙招呼他进入寺内，将自己所裹的白色纶巾解下，给他包在头上御挡风寒。从这个故事中可以看出，在魏晋南北朝时，妇女和男子一样，也用纶巾约发，且用于御寒。即便是"容服甚佳"的妇女，也未能免俗。妇女将纶巾赠送给男子包裹在头部，说明当时男女的头巾形制相同，没有什么差别。

唐代就有所不同。从传世绘画上看，这个时期的妇女喜用花帛缠头，唐人《调琴品茗图》中即绘有头裹花头巾的妇女，这种头巾可以用花罗裁制，也可用缬帛做成，更多的妇女则喜用彩锦为之。尤其是歌舞艺伎，表演时常常头裹锦帕，当时还流行过这么一种风俗：在歌舞表演结束时，观众不给金银财物而赠送一段罗绡锦帛，以表答谢。杜甫《即事》诗中就有"笑时花近眼，舞罢锦缠头"的描写。白居易《琵

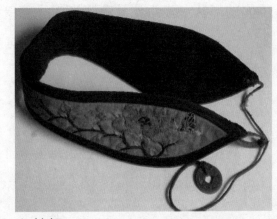

▲ 抹额

琶引》诗："五陵少年争缠头，一曲红绡不知数。"说的也是这种情况。

男子盛行裹幞头，妇女也往往加以仿效，尤其是宫廷妇女。如唐高宗之女太平公主，就裹着皂罗幞头，穿着男式的紫衫，在高宗面前歌舞撒娇。唐代画家张萱所绘的《虢国夫人游春图》中，也有裹幞头的宫女形象。从图像上看，幞头的质料十分疏朗，显然是用一种特殊的材料——蝉翼罗制成。这种罗织物轻薄透明，孔眼稀疏，专用于制作头巾。因蒙覆在额上能显示出皮肤的肌理，所以也称"透额罗"。在唐代，以江南地区所产者最负盛名，唐诗中就有描绘，如元稹《赠刘采春》诗："新妆巧样画双娥，慢裹常州透额罗。"

进入宋代以后，因为幞头成了官帽，所以很少再见妇女使用，但扎巾的习俗依旧在妇女中流行不衰。宋元妇女所用的头巾，除了将整个头部严严实实裹住之外，还有将头巾裁剪成长条围勒在额间的。这种头巾名叫"抹额"。

抹额本来是军队和仪卫用的一种装束，不同色彩的抹额，可区分不同的部队。陕西乾县唐章怀太子墓壁画所绘的武士，头上虽裹有幞头，但在幞头之外分别加有红色或白色抹额，就是用于辨别部队的一种标识。来人孟元老《东京梦华录》及吴自牧《梦粱录》记两宋仪卫护驾出行，也常常头系抹额。

妇女所用的抹额与此有所不同，她们是将布条直接系扎于额上的，一般不再另用首服。也许是因为在额间扎着这么一道布条可以防止鬓发的松散和垂落，所以士庶妇女采用较多。

到了明清时期，抹额的形制也发生了变化，除了用布条围勒于额外，还出现了多种形式：有的用织锦裁为三角之状，紧扎于额；有的用纱罗制成窄巾，虚掩在眉额之间；有的则用彩色丝带贯以珍珠，悬挂在额部。使用者也不限于士庶妇女，尊卑主仆皆可用之。

一些富贵之家的妇女，也有用兽皮制成暖额的，比较常用的兽皮有水獭、狐狸、貂鼠等，尤以貂狐之皮最为时尚。明人董含《三冈识略》即记谓："仕宦家或辫发螺髻，珠宝错落，乌靴秃秃，貂皮抹额，闺阁风流不堪遇目，而彼自以为逢时之制也。"这种毛茸茸的兽皮暖额围在额上，尤如兔子蹲伏，因此，人们将这种暖额形象地称之为"卧兔"。《金瓶梅词话》第 14 回记西门庆之妻月娘服饰："头上带着鬏髻、貂鼠卧兔儿。"第 66 回记郑爱月、爱香儿的头上，"戴着海獭卧兔儿"。西周生《醒世姻缘传》第 1 回写富室之女外出打猎，"拣选了六个肥胖家人媳妇，四个雄壮丫头，十余个庄家佃老婆"作陪，"每人都是一顶狐皮卧兔。"文中所说的"卧兔"，都是指兽皮制成的暖额，这些暖额的具体形象，在明清时期的人物画中有不少描绘。

制作抹额的材料，除了兽皮、布帛和丝绳之外，还有用金银珠宝为之者。具体制法很多，简单的用珍珠穿组而成，或以纱绢为地，上缀珍珠；考究者则用金银丝编织成网络，在上镶嵌珍珠宝饰。明清小说在描写妇女服饰时，常常叙及"攒珠勒子""珠子箍儿"等名称，如《金瓶梅词话》第 63 回："爱月儿下了轿子，穿着白云绢对衿袄儿，蓝罗裙子，头上勒着珠子箍儿。"《红楼梦》第 6 回："那凤姐家常带着紫貂昭君套，围着那攒珠勒子。”指的都是这种抹额。

品类繁多的冠帽

武弁大冠。战国时赵武灵王曾戴过，谓之赵惠文冠。后为诸武官所戴，也有在冠之上饰以貂尾。

方山冠。近似进贤冠，为御用舞乐人所戴。

通天冠。百官于月正朝贺时，天子戴之。高九寸，竖于头顶端略斜，梁前有山，展筒为述。

远游冠。汉代诸王所戴，形如通天冠，有展筒横于前而无山述。

进贤冠。前高七寸，后高三寸、长八寸，冠上有横脊，称为梁。公侯三梁、博士两梁、博士之下一梁。为文儒之冠。

高山冠。形制与通天冠类似，但顶不斜，高九寸。无山和展筒，原为齐冠，秦灭齐，被秦纳为朝冠，汉时为杂宫、谒者所戴。

法冠。楚王制成此冠，也叫獬豸冠。獬豸一角，能辨曲直，性忠。秦汉将其赐予御史官，汉时为法官所戴，法冠上制有一独角状物品，以象征法官办事正直、公平。

却非冠。为宫殿的门吏所戴，制似长冠而下促。

却敌冠。前高一寸，后高三寸，制如进贤冠，是卫士所戴。

术士冠。汉制前圆，吴制差池四重，为天司官所戴。

樊哙冠。广九寸，高七寸，前后各出四寸，似冕，为殿门卫士所戴。

第八章
冠帽趣话

　　有关帽子的趣话也有很多，诸如诸葛亮"羽扇纶巾"指挥三军，明太祖朱元璋"钦定""网巾"，等等。我们一起来了解这诸多趣事。

第一节 趣谈冠帽

■ "纶巾"趣闻

诸葛亮戴纶巾指挥三军，被后世传为佳话。据说诸葛亮当年在渭滨与司马懿交战，两军开战在即，司马懿派人前往蜀军阵前探视，只见诸葛亮乘着素舆，头裹纶巾，手摇羽扇，以悠闲的神态指挥着三军。司马懿闻报，不得不暗暗叹服："可谓名士矣。"

■ "网巾"趣闻

相传"网巾"是经明太祖朱元璋"钦定"而颁式全国的。一天，朱元璋微服出行，走到神乐观前，见一个道士正在灯下编织网巾。朱元璋问："此何物也?"道士答道："此为网巾，用以裹头，则万发俱齐。"刚刚当上皇帝的朱元璋听了"万发俱齐"这句话非常满意，马上将这个道士封官，并颁式于天下，令满朝文武，全国百姓都用此巾来罩发。

■ "硬裹"趣闻

所谓硬裹，就是用木料做成一个头箍，然后将巾帕包裹在头箍上，使用时只要往头上一套，不需要再临时系裹。关于硬裹的出现，有两种趣闻。

一是说在唐穆宗时。据说唐穆宗爱好打马球，心血来潮时，随时会呼唤诸司供奉人员上场相陪，这些宫廷侍者为了随时应召，而不因为系裹幞头慢了而受到皇帝的训斥，所以创制了这种幞头。

还有一种说法是出现在唐僖宗乾符年间。时已接近唐末，大小战争连续不断，农民起义此起彼伏，南诏军一度渡大渡河，攻陷黎州，迫使唐不得不与之讲和，濮州（今山东鄄城北）王仙芝聚数千人起义，冤句（今山东曹县西北）黄巢聚众响应，大克唐朝官兵，在这种烽火迭起的时刻，宫廷中的宦官，近侍以及宫女无暇对着镜子慢慢悠悠地系裹幞头，所以用木料，纸绢或钢铁为骨，在其上包裹上巾帕，以应缓急之便。后来这种幞头被唐僖宗看到了，也要求侍臣进御。由此，上自皇帝，下及百官，以至士庶，都以戴硬裹幞头为尚。

■ "风落帽"趣闻

据说，南朝梁时，曾经自立为帝的侯景，平时纱帽不肯离首。南齐皇帝萧道成，更是戴着纱帽登基。因为纱帽的质地非常轻薄，所以戴在头上稍不留神,就会被风吹落。我们从史籍中常常看到"风落帽""落帽"的典故,就和这种"纱帽"有关。据晋人陶潜《晋故征西大将军长史孟府君传》及《晋书·孟嘉传》等书记载,晋代名士孟嘉任桓温参军,一日出席桓温等在龙山举行的大宴,不料一阵风过,吹落了孟嘉所戴的帽子,周围人见他发髻外露,无不嬉笑,有的甚至还作诗加以挖苦。

在这种尴尬场合,孟嘉一点也不为所动,好像没事一样,依旧风度翩翩,谈笑自如,令四座叹服。后来,人们就用"风落帽""落帽""孟嘉帽"来形容人的风流倜傥,潇洒儒雅,并进一步引申为气度轩昂,心胸宽阔者的代称。知道这一典故,再来读唐代李白的《九日龙山饮》诗:"醉看风落帽,舞爱月留人",宋代辛弃疾的《玉楼春》词:"思量落帽人风度,休说当年功纪柱。"以及陆游的《九月九日李苏州东楼宴》史:"风前孟嘉帽,月下庾公楼",就比较有感性认识了。

■ "折角巾"趣闻

据说有一天,东汉名士郭林宗裹着头巾外出,正好碰上下雨,雨水淋湿了他的衣裳,头巾也被散开,形成一角。有人看到他的模样,觉得非常特别,于是学着他的样子,故意将头巾折出一角,流传开来,便成为一种风习。魏晋时这种头巾多用于儒生、学士等读书人,俗称"折角巾",或称"林宗巾"。南朝吴均《赠周散骑与嗣》诗中即有:"唯安莱芜甄，兼慕林宗巾。”的说法。

■ “四角方巾”趣闻

相传明初时，大文学家杨维祯被召入殿，进见太祖，太祖见他所戴的方巾四角皆方，非常奇特，问他叫什么名称，杨维祯灵机一动，兴口答道：“此四方平定巾也。”太祖听后十分高兴，于是颁制天下，并规定为儒士、生员及监生等文人的专用头巾。“四方平定巾”之名在明代著作中屡见记载，《明史》中也有叙及。在《明史》中，还明确记载了颁制的年代为洪武三年（1368年）。这年杨维祯确实被召至京城入见过太祖，但杨维祯一直对灭亡的元朝念念不忘，屡次拒绝在明朝为官，他在入见明太祖时，会不会说出这种诡谲的话，只有天知道了。

第二节　名帽知多少

■ 军戎盔帽

盔是用金属制成半球状的帽子，是战士们在战争中用于保护头部的。根据将士等级的不同：盔的样式也不一样。例如：夫子盔，是一般大将戴的头盔，还有霸王盔、帅盔等。

盔一般有三种样式，一种是便帽式而下连长网的小盔；二是钵形，用棉织物护颈，盔体较高没有眉庇，顶上插有羽翎；三是尖塔高钵式，无眉庇。盔分头盔、抹金凤翅盔、锁子护颈头盔、八瓣黄铜明铁盔等等，也都是根据盔的制作、形式、材料及色泽的不同而命名的。总之，明朝实战用的盔甲齐全详备且较精致。

明末普通士兵用五色布扎巾，军将士卒及祭社祭时执事人戴红笠军帽，并在红笠上缀以靛染天鹅羽翎。在朝贺时侍卫官都戴凤翅盔、锁子甲、锦衣卫将军戴金盔甲，将军戴红盔穿青甲、红皮盔甲、戴金盔甲及描银甲。

■ 朝 冠

暖帽保暖作用好，一般在冬天使用，是用薰貂、黑狐制作。暖帽为圆形，帽顶穿起，帽檐反折向上，帽上缀红色帽纬，顶有三层，用四条金龙相承，饰有东珠、珍珠等。夏天的凉帽为玉草或藤竹丝编制而成，形如斗笠，帽前缀金佛，帽后缀舍林，也缀有红色帽纬，饰有东珠，帽顶与暖帽相同。朝冠顶子共有三层，上为尖顶宝石，中为球形宝珠，下为金属底座。

■ 吉服冠

吉服冠顶子比较简单，只有两部分，球形宝珠和金属底座，底座可以是金的，也可以是铜的，上面镂刻花纹。顶子是区别清朝官员级别的重要标志。顶珠的颜色及材料不同，反映了不同官员的阶品，按照清朝礼仪，朝官顶子分为三层：上为尖形宝石，中为球形宝珠，下为金属底座。文职一品顶用红宝石，二品顶用珊瑚，三品顶用蓝宝石，四品顶用青金石，五品顶用水晶，六品顶用砗磲壳，七品顶用素金，八品顶用阴文镂花金顶，九品顶用阳文镂花金顶，顶无珠者，即无品级。雍正八年（公元 1730 年），更定官员冠顶制度，以颜色相同的玻璃代替了宝石。至乾隆以后，这些冠顶的顶珠，都用透明或不透明的玻璃，称为亮顶、涅顶的来代替了。武职与文职顶子相同。吉服冠顶较简单，只有球形宝珠及金属底座两个部分。如果清朝官员犯法，在革去官职的同时，必须将帽上的顶珠取下，表示已不带官职。

■ 行 冠

夏天用织玉草或藤竹丝做材料，红纱里缘，上缀朱氂。帽顶及梁都是黄色，前面缀有一颗珍珠。冬天用黑狐或黑羊皮、青绒等为材料。

■ 清代的暖、凉官帽

清代男子的官帽，有礼帽、便帽之别。礼帽俗称"大帽子"，其制有二式：一为冬天所戴，名为暖帽；一为夏天所戴，名为凉帽。

暖帽为冬季戴用，其款式为圆形，周围有一道檐边。材料多为皮制，也有用呢制、缎制及布制的，视天气变化而定。颜色以黑色为多。皮毛之类也有分别。最初以貂鼠为贵，其次为海獭，再次为狐，其下则无皮不用。由于海獭价格昂贵，后用黄狼皮染黑代替，名为骚鼠，时人争相效仿。康熙年间，一些地方出现一种剪绒暖帽，色黑质细，宛如骚鼠。由于价格低廉，一般学士都乐于戴用。暖帽中间还装有红色帽纬，帽子的最高处装有顶珠，材质多以红、蓝、白、金等色宝石。

凉帽的形制无檐，形如圆锥，状如斗笠，俗称喇叭式。材料多为藤竹、篾席或麦秸制作而成。外裹绫罗，颜色多用白色、湖色、黄色等。上缀红缨顶珠。顶珠是区别官职的重要标志，顶子级别如同暖帽。

■ 清代风帽

清代风帽也称"风兜""观音兜"大概与观音大士所戴的相似而名之。材料有夹布、皮等，多为年老者蔽风寒所用。以紫、深蓝色、深青色为多，红色是高官所用。

■ 便　帽

便帽也称"小帽子"，以六瓣合缝，俗称瓜皮帽。创自明太祖洪武年间，取其六合一统之意。这种小帽形式很多，有平顶、尖顶、硬胎、软胎之别。平顶大多为硬胎，内衬棉花；尖顶大多为软胎，取其便利。

■ 小　帽

俗称"西瓜皮帽"，即便帽。它是沿袭明代的六合一统帽，软胎小帽多为尖顶，即可以叠放在衣袋中，称为"军机六折"。清末时帽顶结子用蓝色，变得像黄豆那么大小。小帽常为士大夫燕居时所戴。

■ 毡　帽

毡帽式样颇多，主要有大半圆形和半圆形，帽子顶端是尖的，四角有檐，可以上下反折，后檐向上

反折方便头部活动，而前檐伸展可用于遮阳。清朝毡帽主要是农民及小贩们戴。因为北方天气严寒，有的地区会在毡帽里面加皮毛。

 知识链接

花 翎

花翎是指带有"目晕"的孔雀翎。在礼帽顶珠下面有一根两寸长短，用玉、珐琅或料器做的翎管，花翎插在翎管内，并在冠后垂拖着，在翎的尾端有像眼睛似的极为灿烂鲜明的圈饰，称作眼，有单眼、双眼和三眼花翎。清代根据眼的多少来区别官员的等级，以翎眼多者为贵。

还有一种蓝翎，是鹖羽制成，蓝色，羽长、无眼，比花翎等级低。顺治十八年（1661 年）曾经对花翎的佩戴作出这样的规定：亲王、郡王、贝勒以及宗室等一律不允许戴花翎，贝子以下才可以戴。此后又规定：贝子戴三眼花翎；国公戴双眼花翎；内大臣，一、二、三、四等侍卫，前锋以及护军各统领等均戴一眼花翎。

中国古代鞋帽

图片授权

全景网

壹图网

中华图片库

林静文化摄影部

敬 启

本书图片的编选，参阅了一些网站和公共图库。由于联系上的困难，我们与部分入选图片的作者未能取得联系，谨致深深的歉意。敬请图片原作者见到本书后，及时与我们联系，以便我们按国家有关规定支付稿酬并赠送样书。

联系邮箱：932389463@qq.com

参考书目

1. 罗贯中. 三国演义. 北京：人民文学出版社，1953.

2. 潮田铁雄. 鞋履文化史. 日本：日本政法大学出版局，1973.

3. 沈从文. 中国古代服饰研究. 香港：商务印书馆香港分馆，1981.

4. 周锡葆. 中国古代服饰史. 北京：中国戏剧出版社，1984.

5. 周汝昌. 红楼梦辞典. 广州：广东人民出版社，1987.

6. 笑笑生. 金瓶梅. 香港：香港明亮书局出版，1988.

7. 骆崇骐. 中国鞋文化史. 上海：上海科学技术出版社，1990.

8. 林新乃. 中华风俗大观. 上海：上海文艺出版社，1991.

9. 曹雪芹、高鄂. 红楼梦. 上海：上海古籍出版社，1991.

10. 韦荣慧. 中华民族服饰文化. 北京：纺织工业出版社，1992.

11. 李肖冰著. 中国西域民族服饰研究. 新疆，台北：新疆人民出版社，台北邯郸出版社，1995.

12. 宋北麟. 中国风俗通史·原始社会卷. 上海：上海文艺出版社，2001.

13. 张承宗、魏向东. 中国风俗通史·魏晋南北朝卷. 上海：上海文艺出版社，2001.

14. 宋德金、史金波. 中国风俗通史辽金西夏卷. 上海：上海文艺出版社，2001.

15. 于学斌. 东北老招幌. 上海：上海书店，2002.

16. 陈炳应、卢冬. 古代民族. 兰州：甘肃人民出版社，2004.

17. 常沙娜. 中国织绣服饰全集. 天津：天津人民美术出版社，2004.

18. 韦荣慧. 中国少数民族——服饰. 北京：中国画报出版社，2004.

19. 白寿彝. 中国通史. 上海：上海人民出版社，2004.

20. 宗凤英. 清代宫廷服饰. 北京：紫禁城出版社，2004.

21. 陈娟娟. 故宫博物院学术文库——中国织绣服饰论集. 北京：紫禁城出版社，2005.

22. 陈茂同. 中国历代衣冠服饰制. 天津：百花文艺出版社，2005.

23. 杨秀英. 古代艺术文化收藏丛书——杂项. 呼和浩特：内蒙古人民出版社，2005.

24. 邓启耀. 中国象征文化丛书——衣装秘语. 成都：四川人民出版社，2005.

中国传统民俗文化丛书

一、古代人物系列（13本）

1. 中国古代乞丐
2. 中国古代道士
3. 中国古代名帝
4. 中国古代名将
5. 中国古代名相
6. 中国古代文人
7. 中国古代高僧
8. 中国古代太监
9. 中国古代侠士
10. 中国古代幕僚
11. 中国古代皇后
12. 中国古代士人
13. 中国古代华侨

二、古代民俗系列（10本）

1. 中国古代民俗
2. 中国古代玩具
3. 中国古代服饰
4. 中国古代丧葬
5. 中国古代节日
6. 中国古代面具
7. 中国古代祭祀
8. 中国古代剪纸
9. 中国古代鞋帽
10. 中国古代生肖文化

三、古代收藏系列（16本）

1. 中国古代金银器
2. 中国古代漆器
3. 中国古代藏书
4. 中国古代石雕
5. 中国古代雕刻
6. 中国古代书法
7. 中国古代木雕
8. 中国古代玉器
9. 中国古代青铜器
10. 中国古代瓷器
11. 中国古代钱币
12. 中国古代酒具
13. 中国古代家具
14. 中国古代陶器
15. 中国古代年画
16. 中国古代砖雕

四、古代建筑系列（12本）

1. 中国古代建筑
2. 中国古代城墙
3. 中国古代陵墓
4. 中国古代砖瓦
5. 中国古代桥梁
6. 中国古塔
7. 中国古镇

8. 中国古代楼阁
9. 中国古都
10. 中国古代长城
11. 中国古代宫殿
12. 中国古代寺庙

五、古代科学技术系列（15本）

1. 中国古代科技
2. 中国古代农业
3. 中国古代水利
4. 中国古代医学
5. 中国古代版画
6. 中国古代养殖
7. 中国古代船舶
8. 中国古代兵器
9. 中国古代纺织与印染
10. 中国古代农具
11. 中国古代园艺
12. 中国古代天文历法
13. 中国古代印刷
14. 中国古代地理
15. 中国古代地方志

六、古代政治经济制度系列（16本）

1. 中国古代经济
2. 中国古代科举

3. 中国古代邮驿

4. 中国古代赋税

5. 中国古代关隘

6. 中国古代交通

7. 中国古代商号

8. 中国古代官制

9. 中国古代航海

10. 中国古代贸易

11. 中国古代军队

12. 中国古代法律

13. 中国古代战争

14. 中国古代衙门

15. 中国古代外交

16. 中国古代盐文化

七、古代文化系列（26本）

1. 中国古代婚姻

2. 中国古代武术

3. 中国古代城市

4. 中国古代教育

5. 中国古代家训

6. 中国古代书院

7. 中国古代典籍

8. 中国古代石窟

9. 中国古代战场

10. 中国古代礼仪

11. 中国古村落

12. 中国古代体育

13. 中国古代姓氏

14. 中国古代文房四宝

15. 中国古代饮食

16. 中国古代娱乐

17. 中国古代兵书

18. 中国古代哲学

19. 中国古代宗祠

20. 中国古代奇案

21. 中国古代旅游

22. 中国古代家风

23. 中国古代地名

24. 中国古代家谱与年谱

25. 中国古代名字与别号

26. 中国古代墓志铭

八、古代艺术系列（12本）

1. 中国古代艺术

2. 中国古代戏曲

3. 中国古代绘画

4. 中国古代音乐

5. 中国古代文学

6. 中国古代乐器

7. 中国古代刺绣

8. 中国古代碑刻

9. 中国古代舞蹈

10. 中国古代篆刻

11. 中国古代杂技

12. 中国古代民间工艺